图说 天文 航天

罗方扬 著

南京大学出版社

逐梦星空

图书在版编目（CIP）

逐梦星空：图说天文航天 / 罗方扬著 . -- 南京：
南京大学出版社 , 2023.7
ISBN 978-7-305-26748-2

Ⅰ . ①逐… Ⅱ . ①罗… Ⅲ . ①天文学史—中国—图解
②航天工业—发展史—中国—图解 Ⅳ . ① P1-092
② F426.5-64

中国国家版本馆 CIP 数据核字 (2023) 第 104460 号

出版发行　南京大学出版社
社　　　址　南京市汉口路 22 号　　　　邮编 210093
出 版 人　金鑫荣

书　　　名　**逐梦星空——图说天文航天**
著　　　者　罗方扬
项目策划　张　洁
责任编辑　吴　汀　　　　　　　编辑热线　025-83595840
照　　　排　南京开卷文化传媒有限公司
印　　　刷　苏州工业园区美柯乐制版印务有限责任公司
开　　　本　889mm×1194mm　1/16　印张 12　字数 220 千
版　　　次　2023 年 7 月第 1 版　2023 年 7 月第 1 次印刷
ISBN　978-7-305-26748-2
定　　　价　78.00 元
网　　　址：http://www.njupco.com
官方微博：http://weibo.com/njupco
销售咨询热线：（025）83594756

# 科学与艺术的重逢

李政道

二〇一一、三、十

罗方扬先生,

　同意你使用2011年我为中科院
天文台主办的杂志"中国国家天文"
题词.

　祝你在科学与艺术融合的道路
上取得更大成就.

李政道

二O二O年七月一日

作者介绍

**罗方扬**

中国天文学会会员、江苏省科普作家协会会员、江苏省科普美术家协会会员，苏州市天文学会科普工作委员会副主任，长期担任苏州市各中小学天文科普辅导员，致力于天文科普工作。

他创作的科艺融合"诗意星空"系列天文题材的科普油画作品在《中国国家天文》杂志连载26期。画作《寄声月姊》和《静影沉璧》获得2017、2019年由无国界天文学家组织（Astronomer Without Border）主办的全世界星空美术大赛一、二等奖。画作《暗香浮动》获中国数字科技馆主办的2019年全国中秋月色绘画大赛三等奖；画作《自旋·简并·中子星》获2020年上海交大李政道科艺大赛三等奖。

2021年出版了科普图书《诗意星空——画布上的天文学》，获2022年第七届中国科普作家协会优秀科普作品银奖。

# 序言 FOREWORD

这本科普图书，从四大文明古国各自的天文研究和天文成果开始讲起，一直讲到近现代天文学和航天的发展，包括揭秘行星运动规律、天体测量、望远镜的发展、相对论、宇宙大爆炸理论的提出，以及二战后航天事业的飞速发展和 21 世纪以来我国航天事业的迅速腾飞。我国的一些战略性全局性前瞻性的国家重大科技项目，诸如郭守敬望远镜、"中国天眼"、探月探火工程、北斗卫星导航、天宫空间站等都在书中有所展现。该书最大特色就是通过一组科普油画、利用科艺融合的方式来表现天文学的历史和我国天文航天事业的腾飞。该书由两部分组成，第一部分是"逐梦星空"，第二部分是"中国传统节日"。

人类的科技发展并不是一蹴而就的，天文学也不例外。千百年来，人类为了认识宇宙，进行了大量艰苦的探索工作。从日心说到行星运动三大定律，从万有引力定律再到广义相对论，这些天文学上经典的篇章，在本书第一部分"逐梦星空"中都用油画进行了展现。此外，该书也以大量篇幅展示了现代航天事业的发展。大家可以看到航天技术的提出、人类飞向太空、阿波罗登月、中国火星探测工程、天宫空间站，甚至最新提出的中国近地小行星防御计划等。第一部分的最后一幅画，更是将主题升华到了人类命运共同体的高度。这是从宇宙角度着眼、从人文角度出发、从文明交流互鉴角度来审视的科艺融合创作。

把科学融入艺术，可以让更多的人从喜闻乐见的绘画中去了解科学知识。作为中国科普人，还应在天文科普的基础上再进一步发扬中华优秀传统文化，这点在书中第二部分"中国传统节日"里得到了很好的体现。事实上，中国传统节日作为绘画题材并不鲜见，但本书是从天文角度出发去描绘节日，推陈出新，并融入科学知识。事实上，很多中国传统节日确实是起源于天文星象崇拜，作者从这一角度出发入画，就让人有别开生面、耳目一新之感。

在前一本科普图书《诗意星空——画布上的天文学》中，作者把天文科学以及传统的二十四节气和中国古诗词结合，在这本书中，作者又把天文航天的历史和中国传统节日与天马行空的油画创作相结合。我想作者罗方扬先生善于科艺融合、另辟蹊径，油画又色彩瑰丽、磅礴大气，这是他能得到李政道先生赏识和题词的原因吧。

是为序。

中国科学院院士　崔向群

2023 年 3 月

# 前言 PREFACE

在我上一本书《诗意星空——画布上的天文学》还在酝酿出版的时候，我又构思了一个新的题材，就是用一系列的科普油画，来表现天文和航天的发展史。这种科艺融合的形式是比较独特的。既可以令读者们在了解天文和航天知识的同时欣赏到美丽的画面，增加艺术修养，而油画原作也可以在各地的科技馆里进行科普展出，可谓一举两得。

我花了3年多时间，创作了《逐梦星空——图说天文航天》中所有56幅油画。作为《诗意星空——画布上的天文学》的姊妹篇，本书也由两部分组成。

第一部分的主题是"逐梦星空"，共包含36幅油画，讲述天文和航天的发展史。这一幅幅油画，从四大文明古国各自古老的天象观测和天文成就开始讲起，一直到近代揭秘行星运动规律、天体测量和天文望远镜的发展，以及相对论、宇宙大爆炸理论的提出。大家可以了解到人类是如何通过天文学研究走出太阳系、认识银河系，从而逐步了解宇宙的。本书特别讲述了进入21世纪以来，我国积聚力量进行原创性引领性科技攻关，在天文和航天方面取得的系列重大科研成果。展现了我国探月探火工程、"中国天眼"望远镜、北斗卫星导航系统、天宫空间站等重大项目，力图讲好中国科普故事，讲好中国天文航天的故事，讲好中国人逐梦星空、拥抱星辰大海、科学探索永无止境的故事。

第二部分的主题是"中国传统节日"，共包含20幅油画，从天文角度出发去描绘中国传统节日。可能大家会觉得奇怪，为什么传统节日和天文有关系呢？事实上很多传统节日就是来自古老的天文星象崇拜。例如"二月二龙抬头"，其星象含义就是指农历二月初的傍晚时分，四象中"东方苍龙"之大角星升上天空，寓意春天来临。再如端午节，也是起源于对"东方苍龙"的星象崇拜。至于七夕节则更好理解，若是离开了夏季夜空中的牛郎织女星和银河，我们还谈过什么七夕节呢？可见传统节日和天文星象、传统历法密不可分。只是在日常生活中，我们一般只感受到节日里的欢乐，而逐渐淡忘了她们的本质起源。

头顶的星空包含着人类自古以来的梦想，绘画无疑是各国人民都普遍喜爱的一种艺术形式。在这本书中，大家能从艺术绘画中感受到天文航天的发展，也能欣赏到科艺融合角度下中国传统节日的魅力。在我们这颗蓝色星球上，生活着八十多亿的人口，有着两百多个国家和地区。尽管不同国家的人民拥有不同的历史、文化、信仰、习俗和思维方式，但全世界人民都拥有同一片灿烂星空。

在同一片星空照耀下的便是人类命运共同体。事实上地球就是一艘星际飞船，飞行在宇宙之间，各国人民就是飞船上的乘客。只有相互尊重、同舟共济，以文明交流超越文明隔阂、文明互鉴超越文明冲突、文明共存超越文明优越，我们这艘地球飞船才能平稳前进。

"天无私覆，地无私载，日月无私照"，各国人民共同生活在这蓝色星球上，守护着同一个家园。承载着人类星空之梦的天文和艺术融合类作品，应该作为文明的使者，以文明的交流互鉴来避免人们的隔阂冲突。

中国传统节日作为天文星象、历法授时和民俗相结合的产物，是中华优秀传统文化的重要组成部分之一。中华优秀传统文化是中华民族的精神旗帜，可以说，中华民族伟大复兴是优秀传统文化的复兴。在天文科普的基础上把中华优秀传统文化发扬光大，可以让全世界人民更多地了解她、接受她、喜爱她，这是本书的目标，也是每个中国人的目标。"士不可以不弘毅，任重而道远"，让我们一起增强中华文明的传播力和影响力，坚守中华文化立场，讲好中国故事，推动中华文化更好地走向世界。

习近平总书记曾指出："天文学是孕育重大原创发现的前沿科学，也是推动科技进步和创新的战略制高点。"天文其实是一门古老又现代的科学。说它古老，是因为从我们人类还处于茹毛饮血的时代起，就已经在仰望星空，并注意到了日月星辰的运行；说它现代，是因为天文学在最近几十年内取得了迅猛的发展，是孕育着重大原创发现的前沿科学。

在亘古的星空映照下，猿人逐渐进化为现代人。"人猿相揖别，只几个石头磨过"。我们完全可以想象，猿人一边烤着篝火，一边仰望着漫天繁星的场景。他们肯定已经在思考宇宙的深邃和浩渺，飞向太空的理想也肯定已经在猿人的脑海中萌芽。自从人类进入文明时代以来，各文明古国都有各自的天文观测和天文研究史。人们都梦想能飞入太空，进行星际探索，了解宇宙奥秘。正是这种对自然、对宇宙的求知欲和探索欲，才让人类在科学征途上披荆斩棘，不断前进。

"筚路蓝缕，以启山林"，这句话不仅适用于人类对自然环境的开发，同样也适用于对天文和航天的探索，因为天文和航天之路向来充满了艰辛甚至有很大的危险。现在让我们进入本书的第一部分，从四大文明古国的天文研究开始讲起吧。

罗方扬

2022年11月

# 第一部分　逐梦星空

## 第二部分　中国传统节日

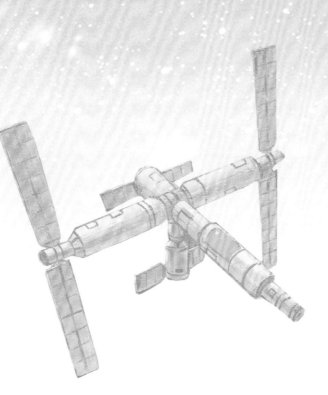

# 逐梦星空

　　第一部分的 36 幅油画中，前 17 幅是从四大文明古国的天文研究开始讲起，一直到近现代天文学的发展。内容包括揭秘行星运动规律、天体测量、天文和航海、天文和历法、望远镜的发展，以及相对论、宇宙大爆炸理论的提出等。从第 18 幅开始进入航天部分，讲述了火箭技术的提出、航天科技的发展、人类如何飞向太空。在这部分中，还特别讲述了进入 21 世纪以来，我国积聚力量进行原创性引领性科技攻关，在天文和航天方面取得的系列重大科研成果，包含"中国天眼"望远镜、郭守敬望远镜、北斗卫星导航系统、天宫空间站、探月探火工程等重大项目。

　　本书力求讲好中国科普故事，讲好中国天文和航天的故事，讲好中国人逐梦星空、拥抱星辰大海、科学探索永无止境的故事。

## ■ 埃及·天狼偕日升

绘画尺寸：60厘米×80厘米

　　巨大的金字塔和狮身人面像巍峨地矗立在地平线上，背衬着夏季星空。时值星河欲曙之际，在熹微曙色中我们尚能看见位于东方天际的几颗亮星。苍茫的地平线上，太阳即将喷薄而出。此刻一名祭司正站在金字塔前，密切注视着即将和太阳同时升起的天狼星（即大犬座 α 星）。而不远处的尼罗河水，此时也正汹涌澎湃，卷起巨大的浪涛，浊浪滚滚泛滥到两岸。

　　这是四千多年前发生在埃及大地上的一幕。一般说来，河水泛滥会给两岸人民带来很大的损失，但古埃及人并不这么认为。原来河水泛滥能给两岸带来大量的淤泥，这些河底淤泥富有养分，能使庄稼丰收，所以古埃及人认为河水泛滥是件好事。

在长期的观察中，古埃及人发现每当天狼星和太阳同时升起的时候，就是河水泛滥的季节。天狼星的这种"预知"作用，让埃及人将它奉若神明，对它顶礼膜拜。甚至在修建神庙的时候，很多神庙的大门都面对着天狼星升起的方向。天文学上把这种现象叫做"天狼星偕日升"，这种现象发生在每年的 6 月下旬（由于岁差，这一现象发生的时间古今不同）。

古埃及人把两次天狼星偕日升的相隔时间定为一年，制定了可能是世界上最早的公历，这是古埃及在天文历法方面的重大成就。该历法后来被古罗马继承，并成为儒略历和现代公历的鼻祖。古埃及约在公元前 16 世纪的第十八王朝时代达到鼎盛，随即在公元前 12 世纪开始慢慢衰落，后来不断被周边异族入侵。亚述、波斯、马其顿和罗马帝国都曾入侵过埃及。公元前 48 年，埃及的亚历山大图书馆在战乱中被焚，这是对古埃及文化传承的重大打击。最终在公元 7 世纪，埃及被阿拉伯帝国征服并伊斯兰化，甚至连狮身人面像都被埋没在尘土中，只露出一个头颅。时光骎骎，古埃及文明消逝在莽莽黄沙之中。

对古埃及的考古和再发现，相当程度上要归功于拿破仑。1798 年 5 月，一支强大的法国海军在马赛港集结。拿破仑作为这支部队的统帅，受当时法国督政府命令对埃及进行远征，远征的目的是打击英国在远东的利益。3 万余人的远征军里还有一支科考队，集合了当时法国几乎最优秀的科学家、工程师、考古学者和艺术家。大名鼎鼎的物理学家傅里叶、数学家蒙日都在其中。拿破仑那道著名命令，让驮行李的驴子和学者走在队伍的中间，就是这个时候下达的。

远征军刚开始势如破竹，7 月初即攻占埃及亚历山大城。7 月 21 日在金字塔附近，法军以纵队密集的射击和猛烈的炮火大败埃及马穆鲁克骑兵主力。7 月 24 日拿破仑进入开罗，全面占领埃及，随即科考队也在各处开始了考察测绘工作。

但此刻法国内部动荡不安，外有欧洲各国组织的反法同盟，内有保王党人的叛乱。而法国督政府面对这一切却表现得软弱无力，急需一个强有力的人物来稳定局面。所以远征开始不久，嗅觉敏锐的拿破仑就抛下军队，只带少数人马潜回法国，发动了雾月政变从而上台。留在埃及的法国远征军群龙无首，在军事上最后以失败告终。但这次远征在文化上取得了重大成果，学者们归国后于 1809 年整理出版了《埃及志》(*Deion de l'gypte*)，用大量精美图片和文字描述了古埃及的考古发现，这让当时的欧洲人大开眼界，并引发了持续数十年的埃及考古热。古埃及的辉煌又一次展现在世人面前，著名的罗塞塔石碑就是法国人当时考古发现的，但后来被英国人抢了去，至今还存放在大英博物馆。

　　有趣的是，相比古埃及人对天狼星奉若神明的态度，古代中国人对其倒是非常不友好。古代中国人认为天狼星象征着外敌的入侵，甚至在中国古代星图中，特意安排了"弧矢"来制服"天狼"。这点可以在苏东坡的词里得到印证："会挽雕弓如满月，西北望，射天狼。"苏东坡是把当时与北宋为敌的、位于西北的西夏比喻成天狼星了，所以要弯弓射天狼。

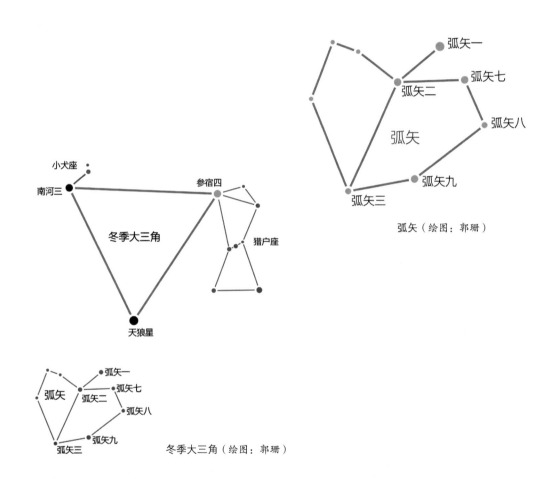

弧矢（绘图：郭珊）

冬季大三角（绘图：郭珊）

注

岁差即回归年和恒星年之间的差值，简单来说是由于地球自转轴在空间中指向并不固定，而是在慢慢地发生着转动而引起的。这一现象最早由古希腊人在公元前2世纪发现的，中国晋代天文学家虞喜也在公元4世纪独立发现了岁差。

和古埃及差不多同时代，位于西亚的幼发拉底河和底格里斯河之间的两河流域，孕育着古巴比伦文明。在这一平原上的居民创造了灿烂的文化，颁布了人类第一部较为完备的成文法典《汉谟拉比法典》，建造了闻名于世的空中花园，两河流域是人类文明的摇篮之一。

我们把太阳周年视运行线路，或者说地球公转轨道在天球上的投影称为黄道。大概在五千多年前，最早生活在两河流域的苏美尔人（古巴比伦人）就已经将天上的亮星分成许多星座。同时，为了占星的需要，苏美尔人还将黄道附近的星星组成十二个星座，也就是黄道十二宫。这十二个星座是：白羊座、金牛座、双子座、巨蟹座、狮子座、室女座、天秤座、天蝎座、人马座、摩羯座、宝瓶座、双鱼座。

此外，在黄道的南北两侧，古巴比伦人也划分了一些星座。这些划分法以及相关天文知识后来传入希腊，被希腊人接受并发扬光大。再后来，随着中西方文化的交流，黄道十二星座这个概念也在隋唐时期传入中国，为中国人所接受。从本质上说，黄道十二星座就是对星空的一种划分方法，并没有什么神秘的地方。但后世把占星和神秘预测融入十二星座，发展出一套极为庞杂的星座算命、星座运势等学说，称其能定人凶吉祸福等等，流传至今。

古巴比伦人创造了楔形文字。在历法上，他们制定了太阴历。以月亮的阴晴圆缺作为标准，把一年划分为12个月，共354天，并设置闰月。

图中所绘的是亚述帝国水陆攻战的石刻，四周围绕着十二星座。亚述也是两河流域古文明的一支，亚述人建有强大的军事帝国，首都为尼尼微（今伊拉克尼尼微省）。亚述军队广泛采用铁制兵器，以残忍好战闻名，不断征服四周的小邦国。但好战者必亡，祸起萧墙之内，公元前626年，亚述帝国大将那波帕拉沙尔在巴比伦尼亚自立为王，宣告独立，随即建立了新巴比伦王国。其后新巴比伦与伊朗高原西北的米底人结成同盟，于公元前612年攻陷亚述首都尼尼微，亚述帝国就此覆亡。

# 中国·三星堆太阳鸟

绘画尺寸：60厘米×80厘米

　　我国是四大文明古国之一，有着悠久的天文观测历史和丰硕的天文观测成果。相传最早在四千多年前的帝尧时期，就已经有专门的观察天象和时令的官员存在了。通过观察星空，中国古人逐渐认识到了一年四季寒来暑往的节律以及星象、物候等情况。

　　中国古代天文在天象观测、仪器制作、历法编制等方面取得了辉煌的成就。在天象观测方面，我国拥有对哈雷彗星的丰富的观测记录，在公元前240年到1986年的两千多年间，哈雷彗星共回归了30次，我国都有记录。此外，中国历代史书中，对日月食、彗星、流星、太阳黑子、超新星爆发等天文现象也有很详细的记载。例如在1054年，北宋的司天监就观测到了"天关客星"，并把观测情况完整地记了下来。现在我们知道，这个"天关客星"就是金牛座内爆发的超新星，它的遗迹就是现在的蟹状星云。要知道，在人类有文字记载的历史中，观测到的银河系内的超新星爆发非常少。由于北宋在1054年的观测记录，蟹状星云成了第一个被确认的与超新星爆发有关的天体。（同时代的阿拉伯人也进行了观测和记录。）

　　在天文仪器制作方面，我国古人大概在四千多年前就已经开始使用圭表测量日影长短了。到了汉朝，天文学家还利用圭表日影长度确定"二十四节气"。西汉时期的落下闳创制了浑仪，浑仪是我国古代用来测量天体位置的主要仪器，由多层圆环构成，上面有刻度，可以读出星体位置。后世对浑仪多有仿造，现在大家在南京紫金山天文台，还能看到明代制造的浑仪。到了东汉，张衡还创制了用水流做动力的浑象，浑象的转动与

地球的周日运动相一致，用来模拟天球运动，从而将天象准确地表示出来。北宋的苏颂还设计了水运仪像台，这是集天文观测和演示以及报时系统为一体的大型自动化天文仪器，领先于世界。到了元代，郭守敬更是先后创制和改进了十多种天文仪器，如简仪、高表、仰仪等。其中的简仪，大家也能在南京紫金山天文台看到。

在关乎日常民生的历法方面，中国历代王朝曾经颁布过上百部历法。其中，元代郭守敬等人编订的《授时历》尤为精良。《授时历》采用 365.2425 日作为一个回归年的长度，这个数值与现今世界上通用的公历值相同。在七百多年前，郭守敬能够得到如此精密的测算结果，实在是很了不起。《授时历》的诞生比目前通行的公历（即 1582 年教皇格里高利颁布的历法，后被全世界采纳，我国自辛亥革命后也采用公历）早了 300 多年。

在对星星的命名上，中国古人把天上的星星分作若干星官。星官划分通常是指某一群星，而现代的星座是指天上某一块区域，其划分本质上是一样的。但相对来说，星官的面积较小，星座的面积大些。对于星官划分法的最早记录出现在司马迁的《史记天官书》之中。到了三国时期，吴国的太史令陈卓制定了 283 个星官，共包含 1464 颗恒星。在星官的基础上，又形成了"三垣四象二十八宿"的体系。

古代中国人还认为天上的星星和地上国家的政事是有关系的，所以就把人间的社会组织、国家体制的名称也搬到天上去了，天上的星星因此也被赋予了人间朝廷的官职名。如天上的文官武将：尚书星、少丞星、天大将军星、御林军星等。通常利用该星所属的星官名称加个数字来为它命名，例如织女一、河鼓二、天津四、毕宿五、轩辕十四等等。可以说天上群星就是地上政务的翻版，或者说皇帝百官、朝廷政务都是上应天象。甚至从秦汉开始一直到明清，在长达两千多年的时间里，中国的都城建设都是呼应天象而进行的。这就是"天人感应"，是独具中国特色的。

例如，在古代地理书《三辅黄图》中，对西汉首都长安城有这样的记载：长安城，汉之故都……城南为南斗形，北为北斗形，至今人呼京城为斗城。这里说得很明白，长安城的建设就是按照天上的星宿来进行的。这里，南斗为人马座南斗六星，北斗为大熊座北斗七星。

在汉武帝元光元年（公元前 134 年）十月的一天，位于长安城未央宫中，汉武帝正在和董仲舒畅谈。自西汉立国起，历任帝王皆在经济上实行轻徭薄赋，在思想上主张清静无为和黄老学说。年轻的汉武帝显然不喜欢这些策略，况且此刻西汉一直面临北方强大匈奴的威胁，国家需要振兴，中央集权需要得到巩固。因此汉武帝下诏征求治国方略。在此番召见中，董仲舒提出了《举贤良对策》。把儒家思想与当时的社会需要相结合，并吸收了其他学派的理论，创建了一个以儒学为核心的新思想体系，深得汉武帝赞赏。董仲舒的"罢黜百家，独尊儒术"、"天人感应"、"大一统"等学说被汉武帝所采纳，儒学成为中国社会正统思想，其对中国人思想的影响长达二千多年。从这一点看，董仲舒可谓影响中国几千年的人物了。

　　董仲舒是天人感应思想的定义者和集大成者。他认为若是人间政务处理不当，则上天会降灾异以警戒。在这套天人感应思想理论的支持下，中国古代每逢日食、月食或彗星、流星乃至水旱蝗灾发生时，总有大臣给皇帝上表讨论为政得失，并提出劝谏。这种做法在科学上说当然是不对的，日月食都有其自然发生规律，和人间政事并不相干。但儒家思想熏陶下的大臣，都是本着"修身、齐家、治国、平天下"的理想，并在天人感应思想支持下，上表谏议帝王得失的。这也算是广开言路，对维护封建朝廷统治的稳定不无裨益。

　　在四千多年前的华夏大地上，众多城邦式的方国星罗棋布。他们共同组成了华夏文明，古蜀国也是其中之一。李白在《蜀道难》中感慨道："蚕丛及鱼凫，开国何茫然！尔来四万八千岁，不与秦塞通人烟。"沉睡在地下的三星堆遗址，经过数十年的考古，一朝出土震惊世界。每一位参观过三星堆博物馆的游客，都惊诧于三千多年前古蜀国的灿烂文明。出土文物中，不少是带有天文元素或有天文含义的。例如太阳圆轮、太阳鸟、扶桑神树等，此画以三星堆太阳鸟金箔为中心，四周围绕二十八宿，展现了古老而神秘的三星堆以及中国星空文化。

# 印度·佛说星空

绘画尺寸：60 厘米 ×80 厘米

 

 

发源于中国青藏高原的雅鲁藏布江，经过山高林密的藏东地区，在海拔 7782 米高的南迦巴瓦峰下突然转弯南下流入印度，和恒河汇流后入海。

奔腾的恒河水，孕育了灿烂的古印度文明。古印度其实严格来说是个地名，是由大大小小的邦国所组成的。孔雀王朝的阿育王，在公元前 3 世纪整军经武，基本统一了印度。但这种统一也是很松散的，并不存在同时期的中国秦始皇大一统之后实行的中央集权的郡县制。

阿育王时代，也是佛教的兴盛时代。阿育王本人也皈依佛教，据说阿育王在统一战争中面对无情的杀戮深感悔恨，于是停止战争，提倡佛教。

佛教是由释迦族王子释迦牟尼于公元前 6 世纪创立的，起初只在恒河流域传播，范围有限。阿育王把佛教奉为国教，广建佛塔，佛教从此遍传南亚次大陆的很多地区。到了中国东汉明帝时期，朝廷派使者用白马驮着佛像和经卷回到中国，史称"白马传经"。从此佛教在中国广为传播，到了南北朝时期，已经是"南朝四百八十寺，多少楼台烟雨中"了。南朝梁武帝甚至四次出家为僧，让群臣称呼其为"菩萨皇帝"。佛教在中国传播过程中也积极进行了本土化，成为中国传统文化的一个重要组成部分。

我们日常生活中的很多词汇都来自佛教，诸如"一尘不染""实际""一心""方便""利益""皆大欢喜"等等。佛教典籍中也有一些关于星空和宇宙的描述，甚至连"世界"这个词都是来自佛教。《楞严经》对"世界"一词的解释为："世为迁流，界为方位。

汝今当知，东、西、南、北、东南、西南、东北、西北、上下为界；过去、未来、现在为世。"佛经中的宇宙观和中国古代的盖天说比较相似。佛教认为须弥山为天地的正中央，日月环绕须弥山运动，绕行一周为一昼夜。

古印度著名的数学家、天文学家阿耶波多（Āryabhata），对日月食的成因和预测、对地球自转周期的测量，以及对恒星日、恒星年的测定等都有杰出贡献。为了纪念这位科学家，印度于1975年发射的第一颗人造卫星就是用他的名字命名的。

此画把犍陀罗佛像置于旋涡星系之中，故题名为《印度·佛说星空》。犍陀罗是南亚次大陆古邦国之一，位于今天的巴基斯坦北部和阿富汗东部。得益于地理关系，犍陀罗和西亚乃至欧洲文明多有接触，所以其佛教雕塑兼具古希腊、古罗马的写实风格，又融合了本土的慈悲神圣，造型精美生动，历来为世人所称赞。

恒星日：是指春分点连续两次过同一子午圈的时间间隔，是地球真正自转一圈的周期，约为23小时56分4秒。

恒星年：是指平太阳连续两次过同一恒星黄经圈的时间间隔。可以理解为从地球上观测，以太阳和某一个恒星在同一位置上为起点，当观测到太阳再回到这个位置时所需的时间。恒星年是地球绕日公转的真正轨道周期。一个恒星年约为365.25636个平太阳日。

## ■ 希腊·神话和星空

绘画尺寸：60 厘米 × 80 厘米

欧洲文明起源于古希腊，古希腊是一个泛指的地理概念，并不局限于现在的希腊共和国。约四千多年前，古希腊的文明曙光初现于克里特岛。随后古希腊人以巴尔干半岛、爱琴海诸岛和小亚细亚沿岸为中心，在包括北非、西亚和意大利半岛南部及地中海东部地区建立了众多的奴隶制城邦小国。古希腊文明在公元前 5 世纪发展到最辉煌的阶段，形成了以雅典和斯巴达为代表的两大城邦国家。其中雅典灿烂的文明给世人留下了雅典卫城、帕特农神庙、宙斯神殿等世界著名古迹。让每一位去过的游客都印象深刻，赞叹不已。事实上，古希腊可以说是"第五大文明古国"。

但一山不容二虎，雅典和斯巴达势不两立。它们随即各自组织同盟，爆发了争霸战争，结果两败俱伤。这时，位于北方被视为蛮族的马其顿王国乘势崛起，占据了希腊。在公元前 146 年，希腊又被征服并入罗马，成为罗马的一个行省。

古希腊得益于航海之利，四方辐辏，商贾云集，人文荟萃，在科技、数学、医学、哲学、文学、戏剧、雕塑、绘画、建筑等方面都极为繁荣。在天文学上，古希腊人很大程度地继承了古巴比伦人的成就，不仅引入黄道十二星座，还有所创新。在公元前 2 世纪，古希腊杰出的天文学家喜帕恰斯就编定了西方第一部天文星表，上面列明了一千多颗恒星的坐标和亮度。喜帕恰斯为了研究天体的运动，还创立了三角学和球面三角学。此外他还提出了星等的概念，对星星亮度进行划分，并发现了岁差现象。

到了公元 2 世纪，著名学者托勒密总结了当时的天文学知识，编纂了《天文学大成》。

该书包括了对几何数学、太阳运动及日月食、行星的运动乃至对恒星的研究，在当时可谓包罗天文万象。甚至一直到17世纪前，该书都被欧洲和阿拉伯天文学家奉为圭臬。同时，托勒密也是地心说的集大成者。他明确指出地球是宇宙中心，静止不动，日月星辰绕地球转动。为了解决行星的逆行问题，托勒密还完善了本轮和均轮的概念。他设定了行星均轮和本轮的半径比例和运动速度，以及本轮和均轮平面的相交角度，使得运算结果和当时的天文观测相符合。托勒密的数学功底相当扎实，让人很难相信古希腊人已经能够计算如此复杂的本轮均轮运动。这点得益于古希腊数学，特别是几何学的蓬勃发展。

现在我们都知道地心说是不对的。但我们应该注意到，这个过程就是科学的过程，这一结果也是理性思维的结果。我们看到一种现象（日月星辰东升西落，而地球似乎不动），为了解释这种现象就要提出一种理论，最为直接的假说便是地球中心说。接下来，我们又发现行星有逆行现象，那就设立本轮均轮，并设立各参数，让计算数据和实际观测值（至少和当时的观测值）相符合。

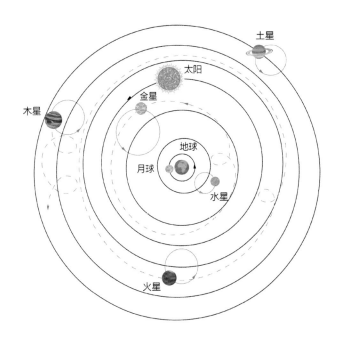

本轮、均轮示意图（绘图：郭珊）

后来基督教会认为既然上帝创造的人类居住在地球上，那地球自然就是宇宙的中心。所以地心说得到了教会的全力支持，占据统治地位长达一千多年，直到在 16 世纪迎来哥白尼日心说的挑战。

除了科学思维外，古希腊人还相当文艺，他们把天上的星座想象成人或动物，并将之和他们的神话故事密切相连。这些神话故事历代相传，19 世纪德国人古斯塔夫·施瓦布把它们编订成《古希腊神话与传说》，流传世界各地。此幅油画《希腊·神话和星空》就用希腊神庙作为背景，天上是灿烂的昴星团（位于金牛座）。在西方，昴星团也叫"七姐妹星团"，按希腊神话，这是擎天巨人阿特拉斯的七位女儿所变。

古希腊的天文成就蔚为壮观，可远不止地心说。他们还测出过地球的大小，以及地月距离、地日距离等，其中地球大小测得最为精确。古希腊天文学家埃拉托斯特尼 (Eratosthenes) 注意到在夏至正午时分，相距约 792 千米的两座城市间太阳高度有 7.2 度的偏差，他认为这是大地表面弯曲所造成的。圆周是 360 度，7.2 度为圆周的 1/50。既然 1/50 对应 792 千米，那么地球周长便大约为 39600 千米，地球直径大约为 12700 千米。这和今天我们所知的地球大小已经非常接近了。

## 玛雅·羽蛇神金字塔

绘画尺寸：60 厘米 ×80 厘米

  14 世纪以来，《马可·波罗游记》在欧洲流传甚广，欧洲诸国对书中所描绘的富裕东方充满了向往和贪婪。各国对东方商品的需求与日俱增，除了传统的丝绸、瓷器、茶叶外，还有各种名贵的亚洲香料。但这些商品通过海陆贸易运输，不可避免地要经过以欧洲人眼中的异教为国教的奥斯曼帝国的领域。商人们要被征收高昂的关税，利润的减少自然令他们很不乐意。另一方面，"地圆说"此时在欧洲也被普遍认可，人们相信地球是圆的，向西航行也可以到达东方的中国和印度。若是能开辟这条新航线，就可以绕开奥斯曼帝国直接和东方进行贸易了。

  在这种大环境下，1492 年 8 月 3 日，哥伦布受西班牙女王伊莎贝拉一世派遣，率领三艘帆船，从西班牙帕洛斯港扬帆驶出大西洋，直向正西航去。在 10 月 12 日凌晨，终于发现了陆地圣萨尔瓦多（位于加勒比海中的巴哈马群岛），他们考察一番后随即返航。之后数年内，哥伦布又进行了三次远航，先后抵牙买加、波多黎各诸岛及中美、南美洲大陆沿岸等地。但哥伦布一直到死都以为他到达的是印度，并把他遇到的土著居民称为印第安人。

  事实上，印第安人是个广泛的称呼。在欧洲殖民者踏上美洲大陆前，在广袤的美洲大地上，分布着三大印第安文明：玛雅文明、印加文明及阿兹特克文明。印第安人属于黄种人，他们是从哪里来的？目前考古界对美洲文明的起源仍然众说纷纭，有人认为印第安人是古代亚洲地区的居民从白令海峡迁徙过去的，也有学者认为印第安人是中国人

的后裔，并提出了"殷人东渡"说。认为是武王伐纣后，商纣的残余势力向东渡海去了美洲。

殷人东渡并不是无可稽考的推测，近一百多年来很多中外学者都做了很多考证工作。美洲各地出土的文物和中国殷商时代文物的造型极为相似，甚至出土的玉器上也带有和甲骨文一样的文字符号。公元前1046年（具体时间说法不一）武王伐纣，爆发了牧野之战。此刻商朝的正规军正在和东夷作战，纣王来不及调回，临时组织了奴隶抵抗，因此大败。周军攻破朝歌，纣王于鹿台自焚。但这支商朝的正规军从此消失在历史记载中，据猜测他们渡海去了美洲，发展出了美洲文明。古代的扶桑可能并不是指日本，而是指美洲。三千多年前殷人横渡太平洋，从交通上来说，似乎是不可能的；但从人定胜天精神的角度来说，也并非绝无可能。

美洲三大文明中的玛雅文明在天文学、数学、农业、艺术等方面都有极高成就。玛雅人大约在公元前400年就建立起奴隶制国家，繁盛了约两千年，到15世纪开始衰落，此后各种遗迹被湮没在热带丛林中。时至今日，玛雅的各种神秘传说和预言也一直在各种媒体上流传。而考古学者们总是力求通过实地考证来拨开谜团、揭秘历史。根据现代考古的一些发现和推测，玛雅文明在天文历法上尤为先进，他们或许已测出一年是365.2420天，与现代只相差0.0002天（大约18秒）。这是个相当精密的测量结果，也就是说在此基础上建立的历法每五千年才仅仅有一天误差。

图中所绘是玛雅的羽蛇神金字塔，位于墨西哥尤卡坦半岛，距今约有一千多年历史。这是一个四边形建筑，金字塔阶梯正对东南西北四个方向，塔高约30米，塔底宽度约55米。四周各有91级台阶，共364级，再加上塔顶的羽蛇神庙，共有365阶，刚好代表一个太阳年中的365天。羽蛇神金字塔是玛雅文明的重要遗产。羽蛇神是一个在印第安文明中被普遍信奉的神祇，玛雅人把它叫作"库库尔坎"（kukulcan），是玛雅人心目中掌管播种和收获的神祇。羽蛇神常被绘制成长有翅膀的蛇，有趣的是，这一形象和中国神话里的腾蛇很相似，这或许也是殷人东渡的一个证据吧。

在哥伦布之后，欧洲就开启了大航海和地理大发现时代。不仅有达·伽马开辟从里斯本绕过好望角到印度的航线，还有麦哲伦的环球航行等等。随即，西班牙、葡萄牙、荷兰、英国、法国等国的殖民者争先恐后地来到美洲。殖民者大肆屠杀印第安人，掠夺黄金和各种资源，并从非洲贩卖黑人运到美洲充当奴隶，这段血腥的殖民史持续了约三百年。

在大航海时代，一个突出的问题就是如何给船只定位。在这一点上，天体测量起到了关键作用。在地球上，只要知道经纬度，就能确定一个地点，这在陆地上好办，因为陆地上总有参照物。但在航海期间，海天茫茫，在没有任何参照物的情况下，又该如何确定经纬度呢？

首先说说纬度的测量。纬度测量比较方便，因为地球自转轴指向北天极，若是要求精度不高，那么一般可以认为北极星所在之处就是北天极。在地球的北极点看北极星，其仰角就是 90 度（在天顶），在赤道看北极星，其仰角就是 0 度（在地平线处）。我们不难理解，在北半球任意一点的北极星仰角大小就是当地的北纬度数。所以在大航海时期，船长们只要每晚测一下北极星高度就可以大致知道船只所在的纬度了。

但测量经度就没这么简单了。在很长一段时期，船长们闭口不谈经度问题，因为根本没有办法进行测量。天文学家曾主张用天体运动来测定经度，因为天体运动是固定的。但是这种方法在操作上非常困难，且耗时非常长，特别是在海浪颠簸的情况下几乎不可能实现。

1707 年，一支英国舰队因迷雾而触礁，死伤千余人，震惊英国朝野。为了精确地测定海上的经度，英国国会发起重赏，征求海上经度的测量方法。这时候钟表匠哈里森想了一个办法。他提出可以制造一个航海钟，这个钟可以在海浪颠簸的情况下正常工作，并保持极高的精确度。在出发前，把航海钟调整到出发港的当地时。在航海的时候，每到一个地方，通过测定当地正午太阳高度角达到最大的时刻来获得当地的正午 12 点，再和航海钟校对。相差 1 个小时，就说明两地经度相差 15 度。

地球自西向东旋转，东边总比西边先看到太阳，东边的时间也总比西边的早。各地的地方时，总是把太阳到达每天最大仰角的时刻，定为中午 12 点。船长们只要通过六分仪（一种精密的量角器）测出太阳仰角达到最大的时刻，就可以得到船只所在地的中午 12 点。将这一时刻与航海钟校对，就可以知道船只所在地的经度了。在欧美的一些古装航海题材的影视作品里，我们能见到船长们或在白天用六分仪对着太阳测量仰角，或在晚上测北极星的仰角，这些场景背后就是这个道理。

哈里森不断提高航海钟的精度，他的第四代航海钟 H4 跟现在的手机差不多大小，却有着当时最高的精确度。即使在海上航行了接近三个月之后，也只慢了几秒钟。这样的精准度让船只定位的精度大为提高，终于解决了海上经度的测量问题。到了 1766 年，英国还出版了《航海历》，这本书中给出了日月和主要恒星在特定时间的位置。船长们只要查阅此书，并结合头顶的星空图像，就可以确定自己所在地的时间和经纬度了。事实上，在现代海上无线电导航和卫星导航出现之前，船长们就是依靠罗盘、航海钟、六分仪、航海历书、海上灯塔等工具来进行定位导航的。只不过后来用走时更准确的石英钟代替了机械式的航海钟。

从 18 世纪开始，随着航海交通的发达，各国往来更加频繁，但各地的时间差异给人们出行带来了很大的不便。为此在 1884 年人们召开了国际经度会议，规定将全球划分为 24 个时区。它们是中时区（零时区）、东 1~12 区和西 1~12 区。每个时区横跨经度 15 度，时间正好是相差 1 小时。最后的东、西第 12 区各跨经度 7.5 度，以东、西经 180 度为界线。每个时区的中央经线上的地方平时就是这个时区内统一采用的时间，称为区时。

相邻两个时区的时间相差 1 小时。例如，位于东八区的我国的时间要比东七区的泰国的时间早 1 小时，而比东九区的日本的时间晚 1 小时。因此出国旅行的人若向西走，每过一个时区，就要把表拨慢 1 小时；若向东走，每过一个时区，就要把表拨快 1 小时。我国幅员辽阔，东西就跨了 5 个时区，但统一用东八区的北京时间（由国家授时中心发布）作为全国标准时间。人们在北京一般 12 点吃午饭，若是到乌鲁木齐旅游，就要下午 2 点吃午饭了。因为乌鲁木齐实际位于东六区，但统一使用北京时间，就与实际地方时相差 2 小时。知道了区时的来历后，我们对这种时间差也就不会感到奇怪了。

# 中国·屈原天问

绘画尺寸：60 厘米 × 80 厘米

　　两千多年前，楚国一位因谗言而被贬出朝廷的贵族，在宽广的江汉平原的草泽之间踽踽独行。他时而仰观宇宙，向苍穹发出呼号；时而俯察大地，深思君王为政得失。一番沉吟后，写出了一首 1500 多字的长诗。

　　这位贵族就是楚国的屈原，这首长诗就是著名的《天问》。《天问》可以看作中国人对宇宙奥秘提出的第一组系统的、全面的问题。

　　《天问》所涉及的内容相当庞杂。此诗从天地分离、阴阳变化、日月星辰等自然现象开始，一直问到上古的神话传说和人世间的治乱循环、君王为政得失等。多为四字一句，也有三字、五字、七字或八字一句的，全诗共 373 句。经后世学者仔细考证，全诗共提出了 170 多个问题。这些问题主要分为两个方面：一个是对自然宇宙的发问，一个是对人类社会的发问。全诗提出的关于天文地理的问题就有 70 多个。长诗一开头就提出了宇宙起源这个终极问题："遂古之初，谁传道之？上下未形，何由考之？"（译文：请问很久以前，是谁创造了文字，又教会我们这一切？假如天地之初是一片混沌，那么又如何加以考证？）经过两千多年的科学发展，现代科学已经能够回答其中很多问题了。

　　现在中国的行星探测系列卫星，便用"天问"来命名，这便是源于屈原的《天问》，寓意着中国人自古以来对科学真理的探索征途漫漫、对科技创新的追求永无止境。中国行星探测工程的首次探索任务，就是"天问一号"对火星的探测。"天问一号"于 2020年 7 月 23 日在海南文昌航天发射场成功发射，在 2021 年 2 月到达火星附近，进入预定轨道，同年 5 月 15 日，"天问一号"携带的着陆器在火星表面着陆。从这时起，中国人也迈向了行星探索的星辰大海，在广袤的苍穹里继续谱写着浪漫的天问颂歌。

　　在另一篇名著《九章》中，屈原自述道："余幼好此奇服兮，年既老而不衰。带长铗之陆离兮，冠切云之崔嵬。"屈原是楚国王室贵族，楚武王熊通之子屈瑕的后裔，平时注重仪容和服饰，颇有贵族风度。此图描绘了屈原峨冠博带，翘首向天，发出他的天问的情形，背景为日月、彗星、流星等。日月中画有三足乌和蟾蜍，这是当时中国人对日月的神话想象。

《天问》是以文字提问，并没有用图画直接描绘出当时人们心目中的宇宙观。自战国到秦汉的中国人心中的宇宙一般是什么样的呢？天上、人间、九泉之下究竟是怎样一种景象？一个偶然间的考古发现似乎可以回答这个问题。

1972 年 1 月，工人们在长沙马王堆修筑防空洞的时候，挖掘出了一个震惊世界的考古奇迹，这就是马王堆汉墓。随后的一系列考古研究证实，这是西汉初期长沙国丞相轪侯利苍的家族墓地，并出土了保存完好的墓主人辛追夫人（也有学者认为是"避夫人"）女尸和 T 形帛画。

该 T 形帛画创作时间为汉文帝时期，是迄今发现的汉代最早的独幅绘画作品，历经两千多年能完整地保存下来相当不易。帛画上宽 92 厘米，下宽 47.7 厘米，全长 205 厘米，呈 T 字形。自上而下分三段描绘了天上、人间和地下的景象。这幅油画就按照帛画临摹，并把帛画置于星空中。考虑到帛画实际上是墓主人"引魂升天"而用，所以作者在帛画左右两侧加上了北斗七星和南斗六星，因为中国古人认为"南斗主生，北斗主死"。

帛画上段描绘了天上的场景，顶端正中有一人首蛇身像，鹤立其左右的，可能是大神烛龙。右侧有太阳，内有三只脚的金乌。它的下方是翼龙、扶桑木和 8 个较小的红圆点，与古代天上十日并出的神话接近。左上部描绘了一女子凌空飞翔，仰身擎托一弯新月，月牙拱围着蟾蜍与玉兔，其下有翼龙与云气。

帛画中段描绘了墓主人的日常生活。华盖与翼鸟掩映之下的，是一位拄杖缓行的贵妇人的侧面像。其前有两人跪迎，其后有三名侍女随从。此番场景，尽显墓主人生前生活之奢华。

帛画下段所绘为幽冥地狱。赤膊力士站立在两条巨鲸上，托举着大地。四周围绕着长蛇、大龟、鸱、羊状怪兽等。有趣的是，古印度人认为大地是由四头大象驮着的，大象又站在大乌龟上，这点和帛画描绘的情景有点类似。

这幅国宝级帛画的内容极为丰富和复杂，所描绘的场景从天上到人间、地下，又从现实到幻想。从一个侧面，我们也能了解到，这大概是当时中国人对宇宙天地以及人生、归宿等的普遍看法。

逐梦星空

# 中国·五星出东方

绘画尺寸：60 厘米 ×80 厘米

西汉司马迁在《史记·天官书》里写道："天则有日月，地则有阴阳。天有五星，地有五行。天则有列宿，地则有州域。"金、木、水、火、土这五星肉眼可见，各文明古国的人们早就发现了其运动规律的特殊性。它们在恒星背景上有很明显的位置移动，我们若是留心注意观察几周，也会很容易地发现。现在我们都知道，这五星和地球一样，是围绕太阳公转的行星。

水星离太阳最近，古名辰星。从地面上看上去，水星和太阳的分离角度不超过 30 度。中国古代把一周天分为十二辰，一辰对应三十度，故称水星为辰星。五星中，由于水星最小又太靠近太阳，容易被淹没在太阳光辉中，所以最难被观测到，据说哥白尼一辈子也没观测到过水星。水星绕太阳公转只要约 88 天，自转周期约为 59 天，没有卫星。另外，由于水星的大气层非常稀薄又距离太阳太近，所以其表面昼夜温度差别很大。白天阳光直射处有 400 摄氏度左右，夜晚又降到零下 170 摄氏度左右。

晴朗的夜晚，我们很容易注意到星星的亮度是不一样的。为了区分星星的亮度，古希腊天文学家喜帕恰斯制定了星等的概念。他把肉眼看起来最亮的星星定为一等星、稍暗的定为二等星、再暗的定为三等星，依此类推，肉眼勉强能看见的定为六等星。星星看起来越亮，星等越小。反之星星看起来越暗，星等越大。这种肉眼观测得到的星等叫做视星等。当然每个人的视力不一样，所以这种划分方法得到的结果并不精确。到了 19世纪，人们利用光度仪来测量星星亮度，由此测得的星等就很准确了。比一等星更亮的

星的星等就是负数。有首很好听的歌曲叫《夜空中最亮的星》，但究竟哪颗星最亮呢？一般来说除太阳、月亮外，金星是夜空中最亮的星，其视星等可达-4.7 等。金星是地内行星，轨道位于地球的内侧。黎明时现于东方而叫启明星，黄昏时现于西方而叫长庚星，所以有"东启明，西长庚"的说法。但若是要数最亮的恒星，则除了太阳之外是一般是天狼星，其视星等为-1.46 等。当然若是有超新星爆发，或者极亮的流星，则亮度都能超过金星，成为夜空中最亮的天体。某些流星甚至在白天都能看到。

金星公转周期为 224.7 天，自转周期为 243 天，距离太阳约 1.08 亿千米，金星也没有卫星。有趣的是，金星的自转是自东向西的，这在八大行星中是独有的现象。也就是说在金星上看到的太阳是从西边升起，在东边落下的。金星表面有着浓厚的大气层，表面的大气压强超过地球上的 90 倍。大气层里 96% 以上是二氧化碳，二氧化碳能让阳光通过，却不让热辐射散出。热量只进不出，所以金星表面的温度非常高，有 400 多摄氏度。金星浓厚的大气层里有极其频繁的闪电现象，而且会下雨，但落下的不是普通雨水，而是硫酸雨。

火星呈橘红色，颜色荧荧如火。由于有逆行现象，从地面上看上去其运动轨迹时而由西往东，时而由东往西，位置变化让人难以捉摸，故古人称之为荧惑。火星平均半径约 3389 千米，距离太阳约 2.28 亿千米，公转一周要 686.98 日，自转一周大约要 24 小时 39 分。换句话说，就是火星上的一天和我们地球上的一天差不多长，但火星上的一年则几乎相当于我们地球上的 2 年。火星的大气层非常稀薄，昼夜温差也很大。火星有两颗卫星。

木星，古称岁星。木星距离太阳约 7.78 亿千米，公转一周约用时 11.86 年，自转一周约用时 9 小时 50 分钟。木星是太阳系内自转最快的行星，由于自转得太快，所以木星的形状有点扁。如果论体积，木星相当于 1300 多个地球。木星有超过 90 颗已知卫星，还有一层厚而浓密的大气。木星大气的主要成分是氢，占 70% 以上，其次是氦。木星外观的最大特征是大红斑和条纹。

大红斑长约 2.4~4 万千米，宽约 1.2~1.4 万千米。早在 1665 年就被天文学家卡西尼（出生于意大利，后加入法国籍）注意到了。三百多年来大红斑一直存在，人们普遍认为它是一个大型气旋。而条纹是由木星快速自转而产生的大气环流现象。

木星之外是土星，土星古称镇星。古人注意到土星约每二十八年绕天一周，每年进

五星（金、木、水、火、土）的照片（图源：Wikipedia/CactiStaccingCrane）

入二十八宿中的一宿，好像轮流坐镇二十八宿一样，故称其为镇星。土星距离太阳约为14亿千米，公转一周约用时 29.5 年，自转一周约用时 10 小时 42 分，自转速度仅次于木星。由于自转太快，土星的形状也有点扁。土星最大的特点就土星光环。光环由无数碎石块和冰块等物质组成，光环之间还有很多环缝。

在这五星中，水星、金星、火星属于"类地行星"。类地行星的结构与地球相似，核心为金属物质，外层则是硅酸盐岩石所组成的地幔地壳，表面一般都有峡谷、山脉和平原等各种地形地貌。而木星和土星就不一样了，它们属于"类木行星"。类木行星属于气体行星，主要是由氢、氦等物质组成，但不一定有固体的表面。在太阳系八大行星中，天王星、海王星也属于类木行星。

五星出东方，这是一种较为罕见的天文现象，也就是俗称的"五星连珠"。此时五星位于太阳同一侧，连成一条线。从天文学的角度来说，发生两次五星连珠事件的时间间隔可以用各行星的公转周期的最小公倍数来计算。按水星 88 天、金星 225 天、火星 687 天、木星 4333 天、土星 10759 天来算的话，只要求出这几个数字的最小公倍数，就可以得到发生一次严格意义上的五星连珠所需的天数了。这个数字非常大，而实际上一般五星连珠的要求并没有这么高，从地球上看上去，只要五大行星的角度差不超过 30 度，甚至 45 度都算是五星连珠。在这样的条件下，发生五星连珠现象就容易得多了。在本书写作过程中的 2022 年 6 月 18 日凌晨，就发生过五星连珠现象。

古人认为看到五星连珠是一种祥瑞，《史记·天官书》中还有这样的记载："五星分天之中，积于东方，中国利。"事实上五星都有自己的绕日周期，它们的视位置和人间的祸福没有必然联系，只是古人美好的愿想罢了。这点在考古上也有证明，新疆曾出土过一块汉代织锦，上面就有八个汉隶文字"五星出东方利中国"。

油画中所绘为在泰山之巅观测到的五星连珠，用以表达美好祝福。泰山作为中国文化底蕴非常丰富的一座名山，其摩崖石刻的历史从秦朝到近代，跨越两千多年，承载了太多的历史记忆。图中可见五星连成一线，泰山顶上"五岳独尊"四个大字清晰可见。

# 中国·唐代天体与大地测量

绘画尺寸：60 厘米 × 80 厘米

　　《天问》更多的是从文人角度提出问题，例如屈原提出："东西南北，其修孰多？南北顺椭，其衍几何？"用通俗的话来说就是东西南北到底有多长、南北又比东西长了多少？也可以看作是提问地球到底有多大。相比文人的浪漫提问，科学家们更趋向于脚踏实地地进行测量，用实际测量手段来回答问题。到了唐代，关于地球有多大这个问题，中国人就有了较为确切的答案。

　　唐代高僧一行，本名张遂，其曾祖是唐太宗李世民的开国功臣张公谨。张遂年轻时就是著名学者，他博览经史，尤精历象、阴阳、五行之学。武则天时期，他为了避开皇权争斗，就在嵩山寺削发为僧，法名一行。唐玄宗即位后，广揽各路才俊，就把一行接回长安。开元九年（公元 721 年），唐玄宗诏令一行主持修编新历法。

　　观象授时、历法编制必须建立在天体和大地测量的实际数据上。为此从公元 724 年开始，一行主持了世界上第一次地球子午线的测量工作。测量范围北起位于北纬 51 度左右的铁勒回纥部（今蒙古乌兰巴托西南），南到位于约北纬 18 度的交州（今越南的中部），共包含测量点 13 处，朝廷派出多支队伍进行测量。这样大规模全国性的测量在世界科学史上都是空前的。《资治通鉴》载："又南至交州，晷出表南三寸三分。八月，海中南望老人星下，众星粲然，皆古所未名，大率去南极二十度以上皆见。"

　　太史丞南宫说率领的一支队伍，在同一条地球经线上的南北四个点：滑州白马（今河南滑县）、汴州浚仪太岳台（今开封西北）、许州扶沟（今河南扶沟）、豫州上蔡武

津馆（今河南上蔡）进行观测，测量在春分、夏至、秋分、冬至时的日影长度、昼夜时间长度和四地之间的距离。各地测量结果最后由一行进行计算。因为地球自转轴指向北天极，从地面上看上去，北天极高度角相差一度，就对应着地球上纬度相差一度。再测出两地距离，就可以知道地球的周长和直径。

由于目前对唐代一尺的长度颇难考证，国内各博物馆藏唐尺和日本正仓院所藏唐尺的长度皆不一致。所以今人对唐代一行子午线测量的精度说法不一。一般认为，一行的测量值与现代值相比，相对误差大约为 11.8%。

在各地测量数据的基础上，从开元十三年（公元 725 年）起，一行开始编订新历法。经过两年时间编成草稿，定名为《大衍历》，可惜草稿刚完成，一行就去世了。《大衍历》后经宰相张说和陈玄景等人整理成书颁行全国。经过检验，《大衍历》比唐代已有的其他历法都更精密，后传入日本，行用近百年。

从古希腊的埃拉托斯特尼测量大地周长，再到一行的子午线测量，人类在大地测量的历史上，又写下了浓墨重彩的一笔。一行之后，在公元 814 年，阿拉伯帝国也组织了一次大地测量。由当时的天文学家、数学家阿尔·花拉子密（Al - Khwarizmi）主持，在幼发拉底河大平原上进行。测算结果得出子午线 1 度对应地表弧长为 111.815 千米，和现代值 111.133 千米相比，可以说相当精确。

在近代，对地球大小的测量是由法国人进行的，18 世纪 30 到 40 年代，法国国王路易十五指示科学院派出多支测量队，对地球进行了测量。结果证明地球不是一个完美的球体，而是一个两极稍扁、赤道略鼓的不规则球体。到了现代，通过各种测量手段，人们终于搞清楚了地球的大小。地球的平均赤道半径为 6378.1 千米，极半径为 6356.8 千米，北极地区约高出 18.9 米，南极地区则低 24~30 米。这么看起来，地球的形状就像一只梨。当然这种差异是极微小的，用肉眼根本看不出。所以在太空中的航天员看来，地球还是一个完美的球体。

在这里，我们似乎可以这样回答屈原的提问："东西南北，其球浑圆，千米度量，直径万三（指地球直径约 13000 千米）"

由于地球自身的遮挡，北半球的人们是看不到南半球的部分星空的，能看到的只是视线和地平线相切以上的部分星空。此油画按《资治通鉴》所记，描绘了中国唐代测量人员在交州大海边仰望老人星以下群星粲然的情景，这些星星是他们以前从来没有见过的。画中还描绘了大批的流星划过夜空。老人星就是船底座 α 星，也是夜晚全天第二亮的恒星。这次测量，是中国天文学历史上第一次大规模在南方的观测活动。测量人员当年用何种仪器进行测量，又做过哪些具体的夜间观测，由于缺乏历史记载，现在已经无法考证。这里作者只能想象，他们采用一个小型浑仪进行测量。后面的随从提着灯笼照明，微弱的灯光照亮的不只是浑仪上的刻度，更照亮了大唐全盛时期人们蓬勃向上的积极开拓精神。

# 中国·水运仪象台

绘画尺寸：60厘米×80厘米

　　如果您去过捷克布拉格，必定对布拉格著名旅游景点天文钟赞不绝口。这台建于1410年的天文钟，是根据当年的地球中心说原理设计的。上面的钟一年绕一圈，下面的一天绕行一圈。每天中午12点，十二尊耶稣门徒像从钟旁依次现身，6个向左转6个向右转，窗户随即关闭，报时钟声开始响起。这台天文钟数百年来攒足了人气，至今走时准确，是去布拉格旅游时的必游之地。

　　但您能想到在更早的中国北宋时期，我国已经有了类似的天文钟吗？

　　古代中国自唐朝安史之乱后国运式微，又经过五代十国战乱，一直到北宋时期才又恢复统一。北宋是我国历史上文明空前璀璨的时期，经济和科技相当发达。这个时候也诞生了一件杰出的天文仪器——水运仪象台。水运仪象台是苏颂（1020年—1101年）、韩公廉等人发明制造的以漏刻水力驱动的，集天文观测、天文演示和报时系统为一体的大型自动化天文仪器。这件杰出的天文仪器，也是目前发现的世界上最古老的天文钟。

　　水运仪象台的上层是一个露天的平台，设有浑仪一座，可以观测天体的位置。为了观测方便，它设计有可以活动打开的屋顶，这可以说是现代天文台活动圆顶的鼻祖。

　　它的中层是一间没有窗户的密室，里面放置了浑象，浑象是用来演示天上群星运动的仪器。天球的一半隐没在浑象的地平之下，另一半露在浑象的地平之上。整个浑象靠机轮带动旋转，一昼夜转动一圈，真实地再现了群星东升西落的景象。

　　它的下层包括报时装置，分为五层木阁。五层木阁中共有12个紫衣小木人、23个红

衣小木人、126 个绿衣小木人、1 个击钲小木人，累计 162 个小木人。每到特定时刻，都有木人出来报时。整台仪器靠水力驱动，利用一组机械传动装置驱动各机构运行。

为了让人们更清楚地了解该仪器的结构和使用方法，苏颂还为水运仪象台编写了《新仪象法要》。该书图文并茂，介绍水运仪象台总体和各部结构，各图附有文字说明。上卷介绍浑仪，中卷介绍浑象，下卷介绍水运仪象台总体、台内各原动及传动机械、报时机构等。全书配图数十幅，其中的仪器结构图是中国现存最古老的机械图纸，采用透视和示意的画法画成。这种画法的机械图纸在 900 多年也是很了不起的。要知道，现在的三维透视制图法还是法国数学家蒙日在 18 世纪末才提出来的呢。

水运仪象台于元祐七年（1092 年）建成后，长期被放置于东京城（今开封）西南角，一直运行了 30 多年时间。

北宋成立之初，契丹辽国就是一个强大的威胁。北宋前后两次北伐想收复燕云故地，但都以失败告终，直到 1005 年，双方签订了澶渊之盟才维持了太平。又过了 100 多年，北宋看到辽国的附属金国开始强大起来。于是在 1125 年，宋徽宗联合金国灭辽，但让文艺皇帝万万想不到的是，和金国结盟竟是引狼入室。1127 年金兵南下攻破东京，是为靖康之变，北宋就此灭亡。金兵在东京城内大肆抢劫，除了掠走徽钦二帝之外，还抓走了赵氏皇族、后宫妃嫔与贵族大臣等三千余人，东京城被洗劫一空。水运仪象台也未能幸免，它被金兵掳走带至燕京，由于沿途颠簸，机械多有损坏，后来被金人废弃。

宋徽宗第九子赵构，在靖康之变时逃到南京应天府（今河南商丘）登基，改元建炎，建立南宋。赵构就是宋高宗，在金军进逼下，他一路南迁到扬州、建康、杭州、越州等地，最终在绍兴八年（1138 年）正式定都临安（杭州）。定都临安后局面相对稳定，此时宋高宗想复制再造水运仪象台。宋高宗先是找到了苏颂的助手袁惟几，但没有成功。后又找来苏颂之子苏携，也没成功。再后来宋高宗又让秦桧、朱熹等人等进行研制，还是没能成功。三次失败让他最后只能无奈放弃。从这一点也看出水运仪象台的精巧性和科学性，以及其所包含的核心技术的重要性。不掌握核心技术，就不能成功，这点古代如此，现在更是如此。

20 世纪 40 年代，英国著名科学史专家李约瑟在中国重庆担任中英科学合作馆馆长一职。在此期间他结识了竺可桢、傅斯年等许多中国学者，并收集了很多的中国科学技术史文献。在见到了水运仪象台的资料后，李约瑟被深深地震撼到了。他认为水运仪象台的机械传动装置非常精密，类似于现代钟表的擒纵器。并且认为水运仪象台很可能是欧洲中世纪天文钟的鼻祖。

新中国成立后，中国科学技术史学家王振铎于 1958 年按 1:5 的缩小比例复制了水运仪象台的模型。其后中国台湾于 1994 年对水运仪象台进行了全功能、原尺寸的成功复原，放置于台湾台中的自然科学博物馆中。2011 年，大陆首台按 1:1 比例复制的水运仪象台在苏颂故里厦门同安苏颂公园落成。这台水运仪象台是真实的、可以运转的一座小型天文台，完全符合历史记载，成了同安苏颂公园的"镇园之宝"。

1092 年的北宋，城市经济异常繁荣。北宋以前的中国城市，一般是"坊"（居民区）、"市"（商业区）分开。人们住在坊里，但买卖交易却在市里进行，而且只能在白天进行，天黑即止。北宋时期，坊市和时间界限开始被打破。东京城内，随处可见各类商店。还出现了"瓦子""勾栏"（歌舞娱乐场所），各种茶楼酒肆和说书唱戏的都有，热闹非常。这点我们可以在《清明上河图》中获得直观感受。此油画描绘了秋季霜叶灿烂，水运仪象台边上孔明灯飘起的情景，请注意看，苏颂还在台顶仰望星空呢。

## 中国·郭守敬
绘画尺寸：60厘米×80厘米

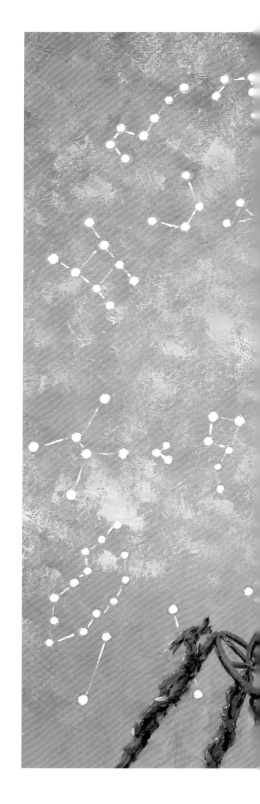

　　"楼船夜雪瓜洲渡,铁马秋风大散关"这两句诗历来为后人所称道。作为七言律诗的颔联，写得极有气魄且对仗工稳。诗中所述并不是陆游的纸上谈兵，而是他的真实战斗经历。陆游曾在抗金前线战斗八个月，诗中描述的是他率领骑兵巡逻队和金军发生的遭遇战。战斗地点是在大散关，位于今天的宝鸡南部，历来是兵家必争之地。南宋大致就以大散关、淮河一线和金朝对峙了100多年，保住了东南半壁江山。

　　但历史总是惊人的相似，南北宋如出一辙。南宋看到了金朝附属部落蒙古在北方的崛起，也看到了一雪靖康之耻的希望，于是决定和蒙古结盟。端平元年（1234年）正月，宋蒙联军攻破了金国最后的据点蔡州城，金国灭亡。但双方蜜月期没持续几年，随即蒙古和南宋反目，草原铁骑南下，1276年蒙古攻占临安。1279年，南宋最后一支抵抗军队在崖山战败，大臣陆秀夫背着八岁的宋幼主跳海，元朝统一了中国。

　　随着蒙古武士的开疆拓土，元朝的疆域"东尽辽左西极流沙，北逾阴山南越海表，汉唐极盛之时不及也"。这样一来，唐代一行的测量数据就显得不够了。为此郭守敬向元世祖忽必烈提出要在全国范围进行大规模测量研究的建议，这次测量史称"四海测验"。

　　郭守敬是中国历史上全才型的科学家，少年时代就跟从学者刘秉

041

忠学习深造。后来由于疏浚河道，治理水患有功，被举荐于忽必烈。他面陈关于水利的建议六条，每奏一事，忽必烈都点头称是，对他极为赞赏。郭守敬随即被委派了提举诸路河渠、整修和管理各地河渠的工作，从此大获任用。郭守敬在水利工程、天文历法、数学计算等方面都有杰出的贡献，其中最突出的当属天文历法方面。

四海测验是中国古代最大规模且最精确的一次天文大地测量。在郭守敬主持下，全国各地设立了 27 个观测站。东起朝鲜半岛、西至川滇和河西走廊、北到西伯利亚、南至南海西沙群岛。图中所绘郭守敬背手而立，呈思索状。画面右侧背景是河南登封观象台，为当时 27 个观测站之一。该观象台保存至今，这也是世界上现存最早的观象台之一。

郭守敬根据这次精密的测量数据，编撰了《授时历》。《授时历》推算出的一个回归年为 365.2425 天，距现代观测值的 365.2422 天只差了 26 秒。精度和现行公历（即 1582 年罗马教皇颁布的《格里高利历》）相当，但比西方早了三百多年。《授时历》从 1281 年（元朝至元十八年）开始实行，明朝的《大统历》就是《授时历》的延续，在中国一直用到了明末清初，直至西洋历法传入中国，使用时间长达三百多年之久。这是中国古代最优秀且使用时间最长的一部历法。

天文大地测量，当然离不开各种仪器。郭守敬在测量仪器上也有大量的创新和发展，他研制了简仪、高表、候极仪等十多种仪器。图中人物左侧的就是简仪，该简仪我们能在南京紫金山天文台看到，是在明代根据郭守敬的简仪仿制的。

在简仪之前，中国的天文学家一般是用浑仪来测量天体位置的。在《中国·唐代天体与大地测量》中，我们就想象了唐代的测量者使用浑仪的情景。浑仪是西汉时期天文学家落下闳首先制造的，是一个有很多圆环的仪器，环环相套，中间还有一根窥管。将窥管对准天体后，可以根据环上刻度读出天体位置。但浑仪结构太复杂，使用不便，且太多的圆环在实际观测中对天空遮挡严重。为此郭守敬将浑仪进行了改良，取消了一部分不必要的圆环，研制成了新的仪器，这就是简仪。

简仪的创制，是中国天文仪器制造史上的重要成果，也是当时世界上的一项先进技术。欧洲直到三百多年之后才有类似的仪器。一系列新仪器的诞生，使得天体测量精度和历法准确度大为提高，也让古代中国的天文科技实力领先于当时世界。

# 波兰·哥白尼日心说

绘画尺寸：60厘米×80厘米

　　托勒密的地心说提出后，传播到欧洲各国和阿拉伯世界，占据统治地位长达一千多年。在这个漫长的时期里，随着观测仪器的改良，人们对行星位置的观测精度有所提高，也发现了托勒密的理论不够精确，已经不能推算出行星位置和速度了。这怎么办呢？人们就采取增加本轮、调整各参数的方法，到后来大小本轮增加到数十个，各种参数一调再调，但还是不能解决问题。这样一来，人们就对日心说提出了疑问。

　　人们看到一个现象，为了解释这个现象就要提出一个理论。若是各种新现象不断被发现，而现有理论不能提供解释，那就修改理论；若是怎么修改都不行，那就抛弃旧理论，提出新理论。科学就是这样一步步发展的，天文亦不例外。

　　16世纪，波兰天文学家哥白尼在经过大量的观测和计算后提出了日心说。日心说指出，地球和金、木、水、火、土各行星（当时还没发现天王星和海王星）是围绕太阳公转的。月球围绕地球公转，而天上的恒星都要比各行星远得多。对于行星的逆行现象，哥白尼指出，这是因为行星绕日公转的角速度不同，所以在地球上看上去才有逆行现象。在这张油画中，索性就把哥白尼头像画在太阳中，周围是绕太阳公转的各个行星。

　　日心说的提出可谓石破天惊，这完全推翻了教会支持的地心说。哥白尼也考虑到教会强大的干涉势力，为避免受到迫害，1543年他在临死前才发表了著作《天体运行论》。据说第一本刚印出来的《天体运行论》被送到哥白尼的病榻前，他摸了摸书本就与世长辞了。

　　一个新的学说往往并没有那么容易让人接受，日心说也不例外。阻力来自两个方面。一方面是罗马教会。日心说提出后，引起罗马教会很大恐慌。教会宣布日心说为邪说，到处打压，甚至烧死了坚持日心说、反对教会的意大利科学家布鲁诺。另一方面的阻力是来自保守的天文学家。保守派还是相信托勒密学说，他们认为理论和观测的差异来自本轮均轮的设置问题，只要多修改，将来总能得到一致的结果。

　　保守派甚至还提出一个非常尖锐的问题：假设日心说是对的，地球绕太阳公转。那么，我们只有能在地球上观测到恒星的周年视差角，这样才能承认日心说的正确性。这个问题确实是从科学上提问，而不是利用教会势力进行打压。若是测不出恒星周年视差，那日心说就无法真正让人信服。但凭 16 世纪的测量仪器，是根本无法测出这么小角度的。（这种角度以角秒计量，1 圆周 =360 度，1 度 =60 角分 =3600 角秒。）

　　在这里，我们有必要谈一下三角测量法、视差角以及恒星的周年视差。

　　让我们再从古希腊说起，古希腊的数学，特别是几何学非常发达。毕达哥拉斯是其集大成者，他提出"万物皆数"的观点。这真是一眼看千年，数学是所有自然科学的基础，数学不发展，一切无从谈起。我们都知道毕达哥拉斯定理（勾股定理），即在直角三角形中，知道两条边长，就可以算出另一条边长。到了 17 世纪初，随着更精密的三角函数表的编制和测量仪器精确程度的提升，三角测量法已经发展得很完善了，地图的绘制精度也大幅提高。

　　如图，假设在 AB 两点有两位测量者，他们先测量 AB 两点间的距离，并通过量角器测出∠ACB 大小为 θ，那就可以通过三角函数算出 AC 的距离。在这里我们把 θ 叫作视差角，把 AB 叫作测量基线。AC 距离测量是否精准，关键在于基线长度和视差角的测量精度。三角测量法在大地测量上非常有用，可以通过多个三角形的连片，对广大区域进行地图测绘。实际在大地测量中，基线距离并不难测。而由

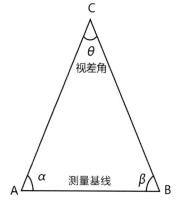

三角测量法示意图（绘图：郭珊）

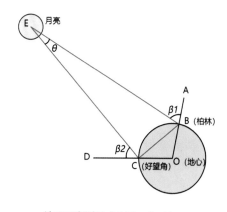

地月距离测量（绘图：郭珊）

于 C 点距离很远，视差角也很小，就需要用很精密的量角器来测定。

　　三角测量法不仅可以用于地图测绘，同样也可以在天体测量上大显身手。人们第一次精确地测出地月距离，用的就是三角测量法。在 1751—1753 年间，法国天文学家拉卡伊和拉朗德，一位在非洲的好望角天文台，一位在柏林天文台，以好望角和柏林的直线距离为基线、同时测量月球上某一点的位置，并计算出视差，以此求得地月距离。

　　保守的天文学家向日心说发难，提出这样一个尖锐的问题：若是地球确实绕太阳转，那么在每年的 1 月和 7 月（即地球位于太阳两侧的时候），我们应该能看到恒星的视差。因为每隔半年，地球便会位于太阳两侧，所以这个视差叫作恒星的周年视差。

　　这个问题把日心说逼到了墙角。自哥白尼之后，天文学家们大致分为两派：守旧派仍然相信地心说，继续对地心说不停作着修饰改进；先进派则相信日心说。

　　随后几百年间，很多天文学家都尝试测量恒星的周年视差，可惜都没成功。时间一点点过去，到了 19 世纪，各种光学测量仪器和测量技术在不断地提高。人们制造出了量日仪，可以很精确地测出太阳的直径，也可以用它来测恒星的周年视差。1838 年，德国天文学家贝塞尔利用量日仪终于测出了天鹅座 61 的视差角，为 0.31 角秒。这个角有多小呢？差不多相当于把一枚 1 元硬币放在 16.6 千米远处观察时它的角大小。测出恒星周年视差之后，再把当时已知的地日距离作为基线，马上就可以用三角测量法算出恒星的距离了。据此，贝塞尔算出天鹅座 61 距离地球约 10.4 光年。（天鹅座 61 的距离的现代

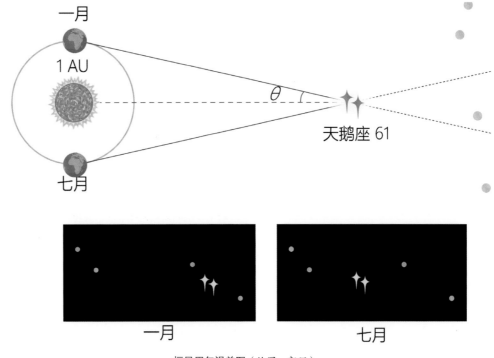

恒星周年视差图（绘图：郭珊）

测量值约为 11.4 光年。日地距离测量请见下一节，《开普勒·天空立法者》。）

天鹅座 61 是一颗微弱的暗星，肉眼能勉强看到，本来籍籍无名。但 19 世纪初，意大利天文学家朱塞普·皮亚齐（Giuseppe Piazzi）注意到这颗恒星的自行很大。所谓恒星的自行就是恒星自身的运动（有关恒星自行，请参看第二部分中《二月二龙抬头》一节）。实际上恒星并不是固定不动的，但因为恒星距离我们非常遥远，所以在短时间内用肉眼看不出明显的位置变化。于是贝塞尔猜测，既然天鹅座 61 自行大，那它可能距离地球较近，于是决定选它作为测量目标。一测果然成功，天鹅座 61 成为人类历史上第一颗除了太阳之外被测量出距离的恒星。

随后织女星、半人马座 α 星等其他一批恒星也被陆续测出距离。恒星周年视差的成功测量，彻底证明了日心说的正确性，地球不仅围绕太阳转，而且恒星距离我们也确实极其遥远。相比约 500 光秒的地日距离，恒星的距离动辄以数十光年，乃至数百数千光年来衡量。也正是从这一刻起，人们的目光才算真正跳出太阳系，对恒星世界的认知又进一步扩大和加深了。

逐梦星空

# 开普勒·天空立法者

绘画尺寸：60 厘米 ×80 厘米

　　哥白尼去世后 3 年的 1546 年，一个婴儿在丹麦呱呱坠地，他就是第谷·布拉赫。出身贵族的他从小性格乖张。年轻时候为了某问题和人争执从而决斗，被人一剑把鼻子削掉了。从此第谷装了个金属鼻子，所以他有个绰号"金鼻子"。1576 年，第谷受到丹麦国王腓特烈二世的资助，在文岛建立了天文台，文岛天文台配备有当时最为先进的观测仪器。那时望远镜还没被发明，但第谷凭借优秀的视力，在文岛进行了 20 多年的观测，编制了当时最为精密的星表。第谷星表中，对各大行星的观测数据最为精确。

　　第谷是一位杰出的实测天文家，还是地心说的拥护者。第谷认为所有行星都绕太阳运动，而太阳则率领众行星绕地球运动，这算是"改良版"的地心说。第谷的地心说体系在十七世纪初传入明朝后曾一度被中国学者所接受。1599 年，第谷受神圣罗马帝国皇帝鲁道夫二世邀请，来到了布拉格，随后就结识了开普勒，两人就此开始天文学方面的合作。虽然他们共事的时间不到一年，但那却是天文学发展史上非常重要的一段时间。

　　开普勒出身贫苦，靠着书包上翻身，成为奥地利格拉茨新教学校（后来成为格拉茨大学）的数学与天文学教师。开普勒信奉哥白尼学说，赞同日心宇宙体系。

　　他们一起工作时经常吵吵闹闹，但感觉互相离不开对方。第谷擅长目视观测，开普勒擅长数理分析，两人在工作中相辅相成。第谷于 1601 年去世，留下大量观测资料。开普勒在这些资料的基础上，经过十多年的分析计算，提出了行星运动三大定律：

　　第一定律：所有行星围绕太阳公转的轨道都是椭圆，太阳处在椭圆的一个焦点上。

第二定律：对每一个行星而言，太阳和行星的连线在相同时间内扫过的面积相等。

第三定律：所有行星轨道半长轴的三次方与公转周期的二次方的比值都相等。如果我们把半长轴记作 $a$，公转周期记作 $T$，那么有 $\dfrac{a^3}{T^2} = k$。

对当时已知的五大行星和我们脚底的地球来说，那就是 $k_{水星}=k_{金星}=k_{地球}=k_{火星}=k_{木星}=k_{土星}$。

自古希腊时期起，人们就认为天体的运动是如此的神圣，它们应该作匀速圆周运动。

开普勒原本也认为行星应该作匀速圆周运动，但他随即发现如果把行星轨道看作正圆的话，计算得到的理论位置与第谷的观测位置不相符，两者相差 8 角分。开普勒并没有忽视这个微小的差异，他深信第谷的观测是精确的，从而对行星正圆轨道理论产生了怀疑。经过无数次的尝试后，最终发现行星轨道是椭圆。

对这 8 角分位置差的不懈研究，引起了天文学的重大变革，因此后世把开普勒称为"天空立法者"。图中所绘就是"天空立法者"。（注：此画根据开普勒历史肖像绘制，但对该历史肖像真伪有争议，此处不作考证）

开普勒提出的行星运动三定律是在第谷观测资料的基础上总结归纳而成的，随即就可以加以运用并获得研究成果。基于开普勒三定律，1678 年英国天文学家哈雷发表论文提出，可以通过观测金星凌日来测量日地距离。

我们知道，金星轨道在地球轨道的内侧，属于地内行星。有时候，金星会经过地球和太阳的连线，这种现象称为金星凌日。此时从地球上看上去，金星像一个黑点一样扫过太阳。在发生金星凌日的时候，以太阳作为背景，我们只需在地球上两个不同地点测量金星凌日的时长 $\Delta T_1$、$\Delta T_2$，就可以用三角测量法算出金星到地球的距离 $D$。再根据

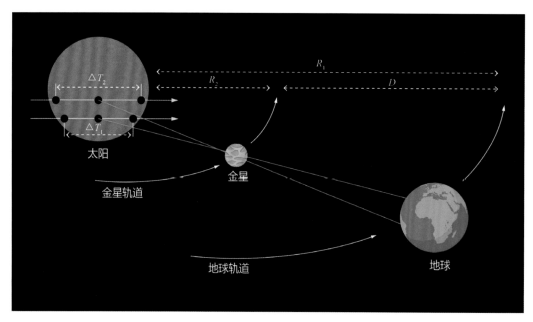

金星凌日示意图（绘图：郭珊）

天文观测可以得到金星绕日公转的周期，那就可以推算出地球到太阳的距离了。

$$D = R_1 - R_2, \quad \frac{R_1^3}{T_1^2} = \frac{R_2^3}{T_2^2}$$

$D$：金星到地球的距离，$R_1$：地日距离，$R_2$：金星到太阳距离，$T_1$ 地球绕日公转周期，$T_2$ 金星绕日公转周期。测出 $D$，再知道 $T_1$ 和 $T_2$，就可算出 $R_1$

由于金星与地球绕日公转的轨道并不完全平行，存在一个 3.4 度的夹角。所以金星凌日现象的发生一般以两次为一组，两次间隔 8 年，但是两组之间的间隔却有 100 多年。也就是说，有的人一生中会看见两次金星凌日，有的人一辈子也看不到。最近的两次金星凌日发生在 2004 年 6 月 8 日和 2012 年 6 月 6 日，下两次发生时间为 2117 年和 2125 年。此刻翻阅本书的读者，即使是最年幼的也要到将近百岁时才能看到下一次的金星凌日了。

哈雷于 1678 年发表论文，而下一次金星凌日是在 83 年之后，即 1761 年，哈雷知道自己无法等到那一刻。可惜 1761 年这次，由于准备不足，人们没有获得很好的数据，只能再等 8 年。到了 1769 年，英国的科考队在库克船长的带领下，前往南太平洋上塔希提岛（Tahiti）上观测金星凌日。当时英法七年战争刚刚结束，还处于对峙状态，法国政府特地下令海军不能攻击库克船长的科考船队。库克一行经过艰难的航行，于 1769 年 4 月到达塔希提岛，随即搭建观测基地并校准仪器。到了 6 月 3 日，科学家们终于如愿以偿地观测到了金星凌日。后来法国天文学家拉朗德根据这次观测资料，算出了地球与太阳间的距离大约为 1.5 亿千米。

回顾这段历史，人们为了测出日地距离，经历了一段多么漫长而艰苦的科学历程啊！现在人们利用雷达测距等方法获得了更为精确的日地距离的观测结果，并将日地平均距离（AU）作为一个距离单位来使用，称其为天文单位。1AU=149597870 千米。

类似地，利用开普勒三定律，通过天文观测可以知道太阳系内各行星的绕日公转周期，再由日地距离，很快就可以算出各行星和太阳的距离了。事实上，在库克船长之前，甚至在哈雷论文发表的几年之前，卡西尼已经测出了日地距离。卡西尼派出自己的助手，到位于南美洲的法属圭那亚的卡宴，以巴黎和卡宴的距离作为基线来测量火星的视差。测出火星和地球距离之后，再用开普勒三定律算出日地距离。但比较而言，拉朗德的数据更为准确一些。

塔希提岛孤悬南太平洋，一直到 1767 年，英国人才首次发现了该岛和岛上的土著居民。

1769 年塔希提岛以晴朗的天空迎接了观测者们，终于给哈雷百年前的论文画上了完美句号。若是金星凌日那天下雨，那就什么也看不到了。又过了 100 多年，塔希提岛迎来了一位来自法国的艺术家，那就是后期印象派油画大家高更。高更生于巴黎，年轻时做过海员，又做过股票经纪人，后来弃商从画，成为一名职业画家。他曾连续四次参加印象主义画派的展览。1890 年之后高更厌倦了在欧洲的生活，想一心回归大自然。

"永忆江湖归白发，欲回天地入扁舟"，这句诗似乎对古今中外的文人墨客和艺术家都通用。高更的挚友凡·高也是搬到了法国的乡下普罗旺斯居住，但高更跑得更远，万里之遥的塔希提岛成了高更的归宿。在塔希提岛上，高更找到了在欧洲时所没有的灵感。他以土著少女为模特，创作了大量的作品，也形成了高更自己的印象派特色和油画色彩语言。塔希提岛现归属法属波利尼西亚，是世界著名的旅游胜地。现在人们一提到塔希提岛，多半就会联想到高更笔下色彩瑰丽、原始淳朴的塔希提少女，而对当年的金星凌日观测却知之甚少。

天文学家们从观测中获得数据并分析其背后规律，从而修改或提出理论。然后可以利用理论对未知的课题展开研究。从第谷、开普勒，再到哈雷、拉朗德都是如此。开普勒虽然提出了三个定律，但他也无法解释天体运动为何如此，他是用第谷的观测数据计算并"硬凑"出来的。特别是第三定律，由于涉及三次方的计算，他凑了很长时间，真可谓是焚膏继晷，兀兀穷年。开普勒于 1630 年在贫病交加中去世。

时间又过去了十几年，另一位伟大的科学家诞生了，他就是牛顿（1643 年—1727 年）。牛顿在前人的基础上，通过对天体运动的研究，提出了万有引力定律和三大运动定律。这四条定律构成了一个统一的体系，奠定了以后三百年里经典物理学的基础，被认为是"人类智慧史上最伟大的一个成就"。通过牛顿万有引力公式，人们可以计算两个天体间引力的大小，并且可以利用牛顿的公式来推导出开普勒的公式。

## 从伽利略到牛顿
绘画尺寸: 60 厘米 ×80 厘米

玻璃很早就出现在人们的生活中, 现在考古证实, 在四千多年前古埃及和美索不达米亚的遗址里, 就有小型玻璃物件出土。到了罗马帝国时代, 贵族们就已经用玻璃来装饰门窗了。

在我国, 玻璃小制品也在春秋时期出现, 著名的越王勾践剑的剑格上就镶嵌有玻璃珠。但我国古代使用的是铅钡玻璃, 透明度不高, 主要用于各种饰品和日用品。而古埃及和罗马使用的是钠钙玻璃, 有较高的透明度。

意大利威尼斯最早是东罗马帝国的一个附属国, 于 8 世纪获得自治权。威尼斯由于享有海运之便, 控制着贸易路线从而迅速发展起来。到了 13 世纪, 威尼斯的玻璃工业就已经非常发达, 人们开始制造各种玻璃制品, 包括玻璃镜子。改进配方后, 玻璃的透明度也越来越高。人们随即发现玻璃磨制出的凸透镜和凹透镜能够放大和缩小物体影像, 这对改善视力非常实用, 于是眼镜也被发明了出来。

各种玻璃透镜的研磨和抛光技术在不断地发展, 透镜的成像质量也越来越高。到了 16 世纪, 荷兰人很善于制造各种玻璃制品和透镜。1608 年的某一天, 在一家荷兰眼镜店铺里, 有两位学徒工偷着把玩各种透镜。他们偶然拿起两块透镜, 一近一远地放在眼前, 结果惊讶地看到远处的目标仿佛变得又近又大, 仿佛被拉近了。他们的师傅得知这一发现后, 就把两块镜片安装到一个金属管子里去, 做成了第一架望远镜。

这个消息很快就传开了, 1609 年伽利略听说此事后, 也制作了自己的望远镜。他把

一块凸透镜和一块凹透镜装进一根铅管两端。观看时把凹透镜靠近眼睛，这就是目镜；凸透镜则对准目标，这就是物镜。虽然对是谁第一个发明了望远镜这事仍存在争议，但毫无疑问，伽利略是第一个把望远镜指向星空的科学家。

伽利略（1564 年—1642 年）是意大利伟大的科学家，在天文、物理方面都有杰出的贡献。通过望远镜，他看到了月亮表面的环形山、太阳黑子，并发现了太阳的自转。他还发现银河是由大量恒星密密麻麻地聚集在一起形成的。伽利略赞同并宣传哥白尼的日心说，为此触怒了当时的罗马教廷。又因种种原因，他遭到了教廷的软禁，这是欧洲科学史上一桩著名公案。然而"青山遮不住，毕竟东流去"，在大量天文观测的事实面前，罗马教廷最后也终于承认对伽利略的打压是个冤案。1993 年 5 月 8 日，梵蒂冈教皇保罗二世给伽利略平反，诺奖得主李政道先生代表全球科学家接受教皇道歉。这桩数百年前的日心说公案也终于算是画上了句号。

1993 年 5 月 8 日，李政道先生代表全球科学家接受教皇道歉
（图源：Ettore Majorana Center）

　　牛顿（1643 年—1727 年），史上最伟大的科学家之一。在数学上，他和德国的莱布尼茨几乎同时发明了微积分；在对天文、物理的研究上，他提出了万有引力和牛顿三大运动定律。牛顿力学奠定了此后三百年物理世界的基石，促进了各自然科学的蓬勃发展。牛顿认为，任何两个有质量的质点之间都存在着万有引力。引力的大小和两个质点质量的乘积成正比，和物体距离平方成反比。正是太阳和行星之间的引力，让各大行星围绕太阳运转。质点是指有质量的点，在天体运动中，由于天体间距离都非常遥远，所以可以把天体看作质点。

$$F_{引} = G\frac{Mm}{r^2}$$

$F_{引}$ 为引力大小，$M$ 和 $m$ 为两个质点的质量，$r$ 为质点间距离，$G$ 为引力常数

　　牛顿给出了万有引力定律公式，但该公式中有个引力常数 $G$，这个 $G$ 值若是测不出，那也无法精确地知道引力的大小。牛顿之后，又经过几代科学家数十年的努力，终于在 1798 年，英国科学家卡文迪许通过一个非常巧妙的扭秤实验，精确地测出了 $G$ 值。$G$ 值一测出，再加上当时已知的地球半径和地球重力加速度，人们立即可以计算出地球的质量。

进一步地，还可以计算出太阳的质量。

在牛顿力学和微积分的基础上，天体力学在 18 世纪迅速地发展起来。法国的拉普拉斯是天体力学的集大成者，他的五卷煌煌巨作《天体力学》是经典天体力学的代表作，全书从 1799 年开始出版，到 1828 年才算出齐。在这部著作中，拉普拉斯对大行星和月球的运动都提出了很完整的理论和轨道数据计算，对周期彗星和木星的卫星也提出了相应的运动理论。

牛顿信奉上帝，在研究行星为什么会围绕太阳运转时，牛顿认为还存在一个推动力，正是上帝的"第一推动力"推动了行星的公转。但与牛顿相比，拉普拉斯是一个彻底的无神论者。据说拿破仑看了《天体力学》之后，对全书中没有一个字提到上帝感到大为不满，曾当面质问。拉普拉斯挺了挺腰板，直截了当地回答："我不需要那种假设，陛下。"从这时候开始，神学和占星学在科学家眼里，已经站不住脚了。

牛顿的另一个伟大发明，便是反射望远镜。这种望远镜是通过不透光的凹面镜聚焦成像的，其结构不同于伽利略的折射望远镜。折射望远镜和反射望远镜就是最基本的两种光学望远镜。自发明之日起，这两种望远镜的口径就越做越大，分辨率也越来越高。但折射望远镜有个瓶颈，那就是镜片自身重量会导致镜片形状产生变形而影响精度，这个瓶颈很难克服，所以目前全世界最大的折射望远镜口径也就在 1 米级别。现代的反射式望远镜则多采取多镜面拼接技术和主动光学技术，每块子镜面背后都有控制单元，可以调节整体的镜面曲率，控制像差，以获得最佳成像质量。现在世界各国竞相发展反射式望远镜，望远镜口径越造越大，目前在建的光学天文望远镜中，口径最大达到 30 米。

对于望远镜来说，最重要的指标就是口径，而不是一般人们认为的放大倍数。望远镜口径越大，则它能够接收的星体发出的光越多，更有可能使

霍比 – 埃伯利望远镜由六边形小镜面拼接而成的主反射镜。镜面拼接技术为大口径望远镜的设计与建造提供了新思路（图源：Marty Harris/ McDonald Observatory）

我们观测到更暗淡的天体。但口径越大，主镜面的磨制也越困难，望远镜的造价越高。以反射望远镜为例，理想的反射主镜面是一个抛物面，抛物面是把抛物线旋转得到的一个面。我们知道抛物面有一个光学特征，那就是平行光入射到抛物面上，会完美地汇集到焦点，再通过焦点处的目镜进行放大就能让观测者看到远处物体。但是大口径抛物面镜的磨制并不容易，其磨制和检测的价格非常高昂。

图中为伽利略和牛顿的肖像，以及他们分别制作出的世界上最早的折射和反射望远镜。望远镜的发明，使人类从此看到了大量以前看不到、看不清的宇宙天体，天文学从此揭开了崭新的一页。在图中细心的读者能看到一个细节，就是背景的土星没有画出光环，而是在土星旁边画了两颗小星。为什么不画土星光环呢？原来伽利略制作出望远镜后，用它来观看土星，他发现土星长了两个"耳朵"。伽利略虽然如实地画出了观测图，但大惑不解，怎么土星长着两个奇怪的"耳朵"呢？这个问题一直到几十年后，荷兰的科学家惠根斯造出更大的望远镜后才解决，原来土星不是长着耳朵，而是带有一圈光环。伽利略没有看清是由于他的望远镜口径太小，分辨率太低。

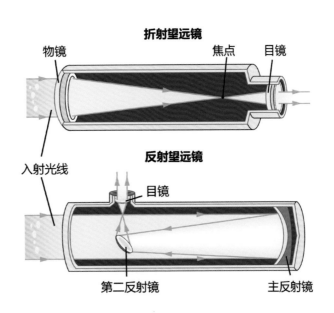

折射、反射望远镜结构图，望远镜放大倍数等于物镜焦距除以目镜焦距，
可以通过不同目镜，获得不同放大倍数（绘图：郭珊）

崖山海战中，一名年轻的南宋士兵侥幸逃生，历经艰难辗转回到家乡。脱下南宋军装的他后来搬到盱眙居住，并活到了 99 岁，他的外孙，就是朱元璋。

明朝初期的社会也呈现出了一片蓬勃向上的姿态，修《永乐大典》、郑和七下西洋、东西方进行积极交流贸易等。但明朝中后期日趋保守，国力日衰，嘉靖和万历两位皇帝都数十年不上朝，社会发展也趋于停顿，此时的中国天文学自然也建树无多了。但到了明末，寂寂死水中又泛起一波微澜，带来这波微澜的，正是来自欧洲的传教士们。

16~17 世纪欧洲的天文学研究成果和望远镜这个新发明也逐步传入中国，这就是明末的"西学东渐"。从 16 世纪后期开始，罗马教廷就陆续派出很多传教士，来到明朝传教。传教士们不仅带来基督教义，还带来了当时欧洲的各类自然科学书籍和科学仪器。意大利籍传教士利玛窦是来华最早的传教士之一，他一方面用汉语传播天主教，另一方面为了博取士大夫们的好感、争取"生源"，也传播欧洲的自然科学。1607 年，利玛窦和明朝科学家徐光启（1562 年—1633 年，礼部尚书兼文渊阁大学士、内阁次辅）合作，翻译了欧几里得《几何原本》前六卷。

后来在 1629 到 1633 年间，徐光启、李之藻、李天经等人又和另一位德国籍传教士汤若望合作编订了《崇祯历书》。书中介绍了西方托勒密和第谷的地心说体系，也提到了哥白尼的日心说体系，还有伽利略、开普勒等人的研究成果，并大量引用了第谷的天文观测数据。

传教士们都是些博学之士，要知道这些天文成果当时在欧洲也刚刚出现，明朝算得上是及时引入。汤若望还制作并向朝廷进献了望远镜以备天象观测。崇祯帝接报，即派太监前去验看，后又亲自观看，感到非常满意。崇祯帝也成了最早使用望远镜观测天象的中国皇帝。

这个时候，中西方的科技差距事实上还不明显。明末中西方的科技交流，以天文历法首开先河，可谓势头良好。可惜的是由于明末动乱，传教士们带来的先进科技并没有广泛地传播出去。满清入关后又长期闭关锁国，导致中西方缺乏交流。清朝虽然也有不少传教士，但基本都是为宫廷服务，作为点缀般存在。清朝还沿用四书五经的八股取士制度，这也为自然科学的发展带来了很大的阻碍。在 1644 年明清鼎易、天翻地覆的巨变中，中国错失了历史性的科技发展机遇。

# 爱因斯坦相对论

绘画尺寸: 60 厘米 ×80 厘米

　　自望远镜发明后，由于其在军事上和天文上有极为重要的作用，欧洲各国竞相制造更加先进的望远镜。与望远镜制造相关的各种工艺和技术也逐步成熟起来。在 18 世纪，反射望远镜的主镜主要还是用金属磨制并加以检测和抛光来完成的。望远镜的口径越做越大，也能看到更加暗弱的天体了。1781 年 3 月，英国天文学家威廉·赫歇尔用他自己磨制的望远镜，在双子座内观测到了一颗淡蓝色的小星。持续观测一段时间之后，赫歇尔发觉它在恒星背景上有移动。后来，法国天文学家拉普拉斯算出了它的轨道，最终确定这是太阳系里的一颗新发现的行星。它与太阳之间的距离比当时所知最远的土星与太阳的距离还要远很多，这颗星就是天王星。

　　赫歇尔其实是德国人，为了躲避战乱逃到了英国。白天以教学生音乐为生，晚上就进行天文观测和镜片磨制。威廉·赫歇尔也是磨制镜片的高手，甚至忙得双手停不下来没空吃饭，由他妹妹喂着吃。天王星的发现，给威廉·赫歇尔带来了巨大的声誉，引起了当时英国国王乔治三世的注意。国王亲自接见威廉·赫歇尔，对他褒奖有加，又册封他为宫廷天文学家，给予了他优厚的俸禄。

　　随即人们很快发现了一个新的问题：实际观测到的天王星运行轨道和通过天体力学理论计算的轨道并不相符，二者之间总有一些偏差。这个偏差是如何引起的呢？人们便猜测可能在天王星附近还有一颗未知行星，其引力对天王星轨道产生了摄动，从而让观测值和计算值不符，造成位置偏差。

为了发现这颗未知行星，当时有两位科学家进行了独立的计算，他们是英国的亚当斯和法国的勒维耶。1845 年 9 月，亚当斯算出了未知行星的轨道，他马上写信通知英国剑桥大学天文台台长和格林尼治天文台台长，请求他们帮忙进行观测寻找。不料这两位台长当时都在忙其他事，结果耽搁了这件事，拖了一年也没进展。与此同时，法国的勒威耶也算出了这颗新行星的轨道。1846 年 9 月，勒维耶给柏林天文台台长伽勒写信，请求伽勒在宝瓶座内的计算位置处对新行星进行搜寻。

伽勒接到勒维耶来信当晚，就用望远镜在宝瓶座内寻找。果然没过多久，伽勒就在勒维耶计算位置的附近找到了这颗新的行星，它就是海王星。"笔尖上的行星"——海王星的发现，让勒维耶声名大噪，也让人们更加相信牛顿万有引力理论。

随即勒维耶一鼓作气，想用同样的方法解决水星近日点进动问题。人们很早就发现，水星近日点的位置总在变化，这就是近日点进动现象。勒维耶发现水星近日点进动的观测值比根据牛顿定律算得的理论值每 100 年多 38 角秒，由此猜测这可能是一个比水星更靠近太阳的"水内行星"带来的摄动所致，就像海王星的引力能影响天王星一样。但勒维耶终其一生也没能找到这颗"水内行星"。随后又是几十年过去了，天文学家们一直搜索到 20 世纪初，仍旧没有发现这颗"水内行星"。既找不到，又无法解释，这个水星近日点进动之谜，成为当时笼罩在天文学和物理学上空的一块乌云。

如果一种方法不行，那就换个思路。1916 年，爱因斯坦发表了著名的广义相对论，成功地解释了这个问题。爱因斯坦认为并不存在所谓的"水内行星"，因为水星是最靠近太阳的行星，太阳巨大的质量扭曲了水星的反射光线，从而改变了我们看到的水星视觉位置。爱因斯坦根据自己的理论，对水星位置进行了计算，结果计算值和实际观测值十分接近。水星近日点进动之谜的成功解释，也成为天文学对广义相对论的最有力的验证之一。

在牛顿的经典物理体系里，时间和空间是绝对的，空间、时间与物体的运动状态无关。但在相对论中，时空不再是绝对的，物体的质量和长度也会随着物体运动速度而改变，大质量的天体还能扭曲光线。这一切，听起来都让当时习惯牛顿经典力学体系的人们感到不可思议。

1916 年正是第一次世界大战激烈进行的时候。广义相对论发表一个多月后，很快收获了一个"副产品"：一位在俄国前线服役的德国军官史瓦西给爱因斯坦寄来了一份计算手稿。根据爱因斯坦的理论，史瓦西精确地计算出，如果某天体将全部质量都压缩到一个很小的范围之内，那么这个天体的引力就会大到连光线都逃不出去。从外界看，这个天体就是绝对黑暗的存在，即"黑洞"。这是黑洞作为一个数理计算结果，第一次呈现在稿纸上。爱因斯坦对史瓦西的计算过程相当满意，但对他得出的黑洞这个结果很是怀疑。

现在黑洞已经成为了一个家喻户晓的名词，尽管它 20 世纪 60 年代才出现。若是能把地球压缩成乒乓球大小，地球也会成为一个黑洞。黑洞就是大质量天体扭曲光线，一直到能吞噬光线的最极端的存在。

爱因斯坦虽然怀疑黑洞的存在，但他确实提出了大质量天体能扭曲光线的理论。如何用实验来证明呢？爱因斯坦提出，可以在发生日全食的时候，通过测量太阳附近的恒星位置，检测其是否和以往不同，从而检验太阳的引力能否弯曲远处的星光。但当时战争激烈，一切无从做起。直到一战结束后的 1919 年 5 月，英国天文学家爱丁顿率队前往普林西比岛，利用日全食做了著名的光线偏折实验，证实了引力具有弯曲光线的能力。

爱因斯坦向来不修边幅，一头蓬松的乱发给大众留下了深刻的印象，图中背景为水星近日点进动现象的示意。广义相对论刚问世的时候，由于其概念太过超前，而且包含着非常深奥的数学以及物理学知识，所以当时很少有人能够理解。爱丁顿用观测证实了爱因斯坦的理论后，此事立即被全世界的媒体报道。据说有记者问爱丁顿是否全世界只有三个人真正懂得相对论时，爱丁顿想了想，反问："那谁是第三个人？"

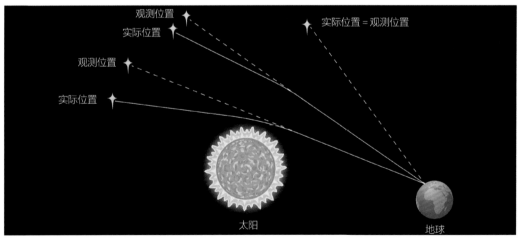

光线偏折实验示意图，在地球上看远处的恒星，星光经过太阳到达地球的时候，会因太阳的质量而发生扭曲。但在地球上能观测此现象的时候正好是白天，所以只能在日全食的时候进行光线偏折实验（绘图：郭珊）

# 宇宙大爆炸学说

绘画尺寸：60 厘米 ×80 厘米

我们的宇宙是从哪里来的？又是怎么形成的？这个问题大概从人类开始仰望星空的时候就已经产生了。在古代，世界各民族对天地构造形成等都有自己的一套说法，比如中国古代就有"盖天说"和"浑天说"。盖天说认为整个宇宙是天圆地方，"天圆如张盖，地方如棋局"；而浑天说则认为"浑天如鸡子，天体圆如弹丸"。与中国不同，由于印度多产大象，所以古代印度人干脆就认为大地是被几头大象驮着的，站在一只巨大的乌龟身上，而天空则是由一条咬着尾巴的蛇所变。

到了近代，18 世纪后期德国哲学家康德和法国科学家拉普拉斯对太阳系的形成各自提出了新的看法，后人把他们这套理论合称为"康德 - 拉普拉斯星云说"。康德是从哲学角度去作阐述、拉普拉斯则是从数学和力学方面进行说明。该学说的主要看法是：太阳系是由一团巨大灼热且在旋转的原始星云形成的，由于气体在冷却，星云逐渐收缩，但是星云的角动量是守恒的，所以星云收缩使得其转动速度加快。于是在离心作用下，星云逐渐变为扁平的盘状。在星云收缩过程中，有部分物质演化为一个绕中心转动的环，之后又陆续形成好几个环。最后星云的中心部分凝聚成太阳，各个环则凝聚成各个绕太阳公转的行星。该学说一经提出，便成了 19 世纪解释太阳系起源的主流学说。即使现在看来，这套说法中有很多地方还是正确的。

"康德 - 拉普拉斯星云说"解释了太阳系的形成，但没有解释宇宙的形成。到了 20 世纪 40 年代，俄裔美籍科学家伽莫夫等人正式提出了"宇宙大爆炸学说"。

逐梦星空

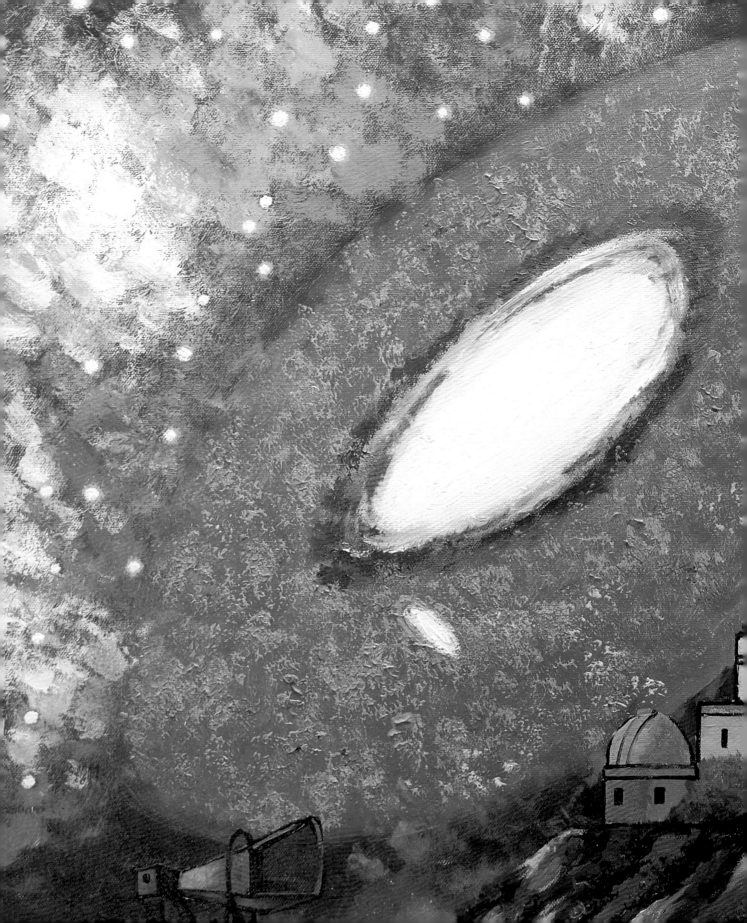

　　该学说认为在 130 多亿年前，我们今天全部能观测到的物质统统缩小在一个奇点中，奇点的温度极高，密度极大。然后产生了大爆炸，现在所有的物质和空间、时间都是大爆炸的产物。爆炸后的 $10^{-6}$ 秒至 1 秒，包括质子和中子在内的强子开始形成；爆炸后 1 秒到 10 秒，宇宙进一步冷却，由轻子主宰；到爆炸后 10 秒钟以后，宇宙能量转而由光子主导。化学元素的形成开始于大爆炸后 10 秒钟至 20 分钟，这个阶段非常重要，这 20 分钟决定了今天宇宙的基本化学组成。约在大爆炸 30 万年之后，氢和氦原子开始形成，经历复合过程后，宇宙变得透明，光子在其中几乎通行无阻，此后才逐步形成现在的宇宙。

　　若是有人提问，大爆炸之前是什么？是什么原因导致了大爆炸？这类问题是无意义的，因为大爆炸产生了一切，时间空间都是大爆炸的产物，不存在大爆炸之前的说法。

　　伽莫夫刚提出这个学说的时候，这些内容简直匪夷所思。所以一开始没人关心和相信这个学说。但是到了 20 世纪 80 年代，随着观测上的一些最新进展，大爆炸理论才被人们逐步接受。概括说来，宇宙大爆炸学说有三个非常有力的证据：

　　第一个证据是星系的退行。

　　人们通过观测发现：河外星系都在高

速远离地球，而且距离越远的星系远离地球的速度越快，有点像炮弹爆炸后弹片飞射出去的样子。换句话说，也就是宇宙在膨胀。这是美国科学家哈勃在20世纪20年代就发现的。

第二个有力证据是宇宙微波背景辐射。

根据大爆炸理论，宇宙早期是极端高温的，但是经过漫长的膨胀冷却，现在的温度大约为3开尔文，辐射的波长位于微波波段，而且分布在总体上呈各向同性。这种微波辐射，早在1946年伽莫夫就做出过预测，但由于当时技术条件限制，无法实现观测。

到了1960年，美国的两位科学家彭齐亚斯和威尔逊在测试一架喇叭形天线的时候，不经意间发现了宇宙微波背景辐射。这个发现是20世纪天文学上的重大进展，为此两人在1978年获得诺贝尔物理学奖。

宇宙大爆炸学说的第三个有力证据就是化学元素氦的丰度。

目前的观测表明，无论是在太阳还是在绝大多数其他恒星或星系上，氦元素都存在，且含量大致相同，都是25%左右。这个氦丰度问题无法用热核反应来解释，但是根据大爆炸理论，在大爆炸后10秒钟到20分钟内，有大概25%的物质聚合成氦。这个理论值和现在实际观测值非常符合。

如何用绘画来表现这三大证据？在描绘这种"硬核"、前沿且诞生多项诺贝尔物理学奖的题材时，作者决定采用宇宙微波背景辐射图作为背景，再配上天文台和氦原子结构图的方式来表现。

宇宙微波背景的中间绘制有仙女座大星系，当年哈勃正是在威尔逊天文台用254厘米口径的反射望远镜辨认出了仙女座大星系中的造父变星，从而测出了造父变星所在星云的距离，又进一步发现了天体都在高速远离地球的现象，这便是第一个证据。

图中蓝黄色的是宇宙微波背景辐射图，正是前景中的喇叭形天线首先发现了它，随后它又被宇宙背景探测器（COBE）、威尔金森微波各向异性探测器（WMAP）和普朗克卫星探测描绘出来，这便是第二个证据。

画面中右上角是氦原子示意图，其原子核由2个质子2个中子组成，外围还有2个电子，代表了宇宙大爆炸理论的第三个证据。

COBE卫星于1989年发射升空。2006年，负责COBE项目的美国科学家乔治·斯穆特和约翰·马瑟因他们对"宇宙微波背景辐射的黑体形式和各向异性"的研究而获得诺贝尔物理学奖。

# 航天之父齐奥尔科夫斯基

绘画尺寸：60 厘米 × 80 厘米

中国人最早发明了黑火药，这是古人在长期炼丹实践中发明的，至今已有一千多年历史了。唐末火药就用于军事，宋朝以后，火药和火箭技术已经被广泛运用于战场之上了。北宋政府建立了火药作坊，专门制造火药箭、火炮等以燃烧性能为主的武器。到了南宋，则出现了突火枪，突火枪是用粗竹筒制作的，里面装有"子巢"。火药点燃后产生强大的气体压力，把"子巢"射出去。突火枪就是现代枪支的始祖。

到了明朝，还出现了一种很先进的"一窝蜂"火箭。是把火药装入管中，再绑在箭支上，发射时数十支火箭在推车上一起点火蜂拥而出，所以取名"一窝蜂"。它有着很大的杀伤力。在火箭中，火药并不爆炸，而是迅速燃烧，产生巨大的推力让箭枝高速飞行。人们开始意识到：火箭推力不仅可以用于战场，也可以加速物体，甚至用于飞天。

明代学者万户（也有人认为万户不是人名，而是官职名）曾进行过一个大胆的试验。万户在椅子下面安装了几十支大火箭，把自己捆在座椅的前面，两手各拿一个大风筝，然后叫人把几十支火箭同时点燃，想要借助火箭的推力飞向空中。可惜这个试验没有成功，火箭发生了爆炸，万户也因此牺牲，但他已被公认为是世界上第一个试图利用火箭升空飞行的人。为了纪念万户，天文学家把月球背面的一座环形山命名为"万户"。

到了 18 世纪，人们根据牛顿力学可以计算出，若是一个物体能达到每秒 7.9 千米以上的速率，就能环绕地球飞行而不落地。这个计算，可以看作人造地球卫星的理论雏形（这个速度后来被叫作第一宇宙速度）。但这个速度实在是太快了，以当时人类的技术，

是无法达到的。在很长一段时间内，人类能够制造的最高速度，就是依靠黑火药发射的炮弹的速度。在法国科幻作家儒勒·凡尔纳 1865 年经典小说《从地球到月亮》中，人们为了达到第一宇宙速度，特制了一门巨大的火炮，让乘客搭载炮弹飞到月亮上去。事实上在 19 世纪中期以前，靠黑火药发射的炮弹速度只有几百米每秒，根本达不到第一宇宙速度。到了 19 世纪后期，无烟硝化棉取代了黑火药作为发射药，炮弹速度提升了不少，但还是远达不到每秒 7.9 千米。

此外，地球有厚厚的大气层，对高速运动的物体的阻力非常大，在大气层里很难获得高速。只有在100千米高的大气层之上，才几乎没有空气阻力，物体也就可以飞得非常快了。现在我们把100千米这个高度称为卡门线。一般来说，在卡门线以上才算是真正的航天，在卡门线以下则被称为航空。

1783年法国人第一次实现了载人热气球首飞，随即欧洲各国争相效仿，成立了很多飞行俱乐部，广泛开展热气球飞行活动。1903年美国莱特兄弟发明了内燃机驱动的飞机，随即航空业迅速发展起来。但不管是热气球还是飞机，它们都还是在大气层里飞行。人们总是想象着能飞得更高更远、飞出大气层，达到第一宇宙速度并进入浩瀚的宇宙。

航天理论基础的奠定，很大程度上归功于俄罗斯的齐奥尔科夫斯基（1857年—1935年），他也被称为"航天之父"。他最先论证了利用火箭进行星际飞行、发射人造地球卫星和空间轨道站的可能性，并设计了火箭蓝图，研究了火箭液体发动机结构等一系列重要工程技术问题。

在19世纪后期，齐奥尔科夫斯基开始从理论上研究航天的有关问题，进一步明确了只有利用火箭才能达到第一宇宙速度的观点。1897年，他推导出著名的火箭运动方程式。随后在一系列论文中，他对航天的未来发展进行了设想和展望。这些展望现在看来都具有惊人的前瞻性，包括火箭飞机、人造卫星、载人飞船、空间工厂、空间基地、行星基地，甚至星际飞行等等。

为了达到第一宇宙速度，他提出了多级火箭的方案，即把火箭一级一级地接在一起。第一级点火后，带动整个火箭飞行。燃料耗尽后，将第一级抛弃，第二级再点火，燃料耗尽后第三级再点火加速。这样火箭就能获得一个很高的速度，也就可以达到第一宇宙速度了。他的这些百年前的设想和现代的航天发展过程完全吻合，迄今人类已经制造了人造卫星、进行了载人航天、推进了空间站的建设。他有一句名言："地球是人类的摇篮，但人类不可能永远被束缚在摇篮里。"

为了表彰他的杰出贡献，1932年，苏联政府授予他劳动红旗勋章；1954年，苏联科学院又设立了齐奥尔科夫斯基金质奖章。图中所绘就是齐奥尔科夫斯基的肖像和1971年苏联发射的人类第一个空间站——礼炮1号。

# 苏联·加加林首航

绘画尺寸：60 厘米 × 80 厘米

　　齐奥尔科夫斯基是从理论层面上提出利用火箭技术进行航天飞行的，实际上第一个制作现代火箭的是美国人。美国工程师罗伯特·戈达德（1882—1945 年）于 1926 年 3 月16 日制造并发射了世界上第一枚液体火箭。火箭采用液氧和汽油作为燃料，虽然只飞行了十几米高，但宣告了一个新时代的来临。到 1935 年，戈达德的火箭能够达到的最大射程已经接近 20 千米，速度超过音速，他还利用陀螺仪来控制火箭的飞行姿态。

　　但当时戈达德的研究工作没得到美国政府的重视，严重缺乏经费。墙里开花墙外香，反而是纳粹德国更重视火箭技术。火箭技术用于太空就是航天探索，用于军事就是远程导弹。希特勒重用德国火箭设计师冯·布劳恩，在二战后期制造了大量 V1、V2 导弹，用于远程轰炸伦敦，妄图扭转败局。

　　二战后，苏联没收了纳粹德国大量资产，美国则俘虏了大批科研人员，包括冯布劳恩。很快地，新的竞争在美苏两国之间展开了。美苏分别成立了北约集团和华约集团，在科技、军事、经济、文化等各领域进行了全面激烈的竞争。使得全世界在二战后 40 多年间长期处于冷战威胁的状态下。这种竞争在高科技的航天领域尤为激烈。

　　科罗廖夫是当时苏联最有名的火箭专家。一开始，他的兴趣主要在飞机制造上。1929 年，尚在学生时代的他听了齐奥尔科夫斯基有关星际旅行和火箭技术的讲座，深受影响，从而把专业方向转向了火箭技术研究上。1933 年 10 月，苏联成立了世界上第一个火箭科学研究所，任命科罗廖夫为副所长，主管科研工作。但没过几年，苏联就爆发了"大

清洗"，科罗廖夫以莫须有的罪名遭到指控，后被判十年徒刑，押解到西伯利亚做苦役。直到 1944 年，科罗廖夫才被释放。

　　1945 年二战结束后，苏联国内趋于稳定。科罗廖夫的才能开始井喷般地爆发，他领导设计制造的火箭取得了一连串成果，在军事上各种近程、中程、远程导弹也都发射成功。1955 年，科罗廖夫提出要发射人造地球卫星。他大胆采用捆绑火箭的办法，在 1957 年 10 月 4 日，抢在美国之前，成功发射了人类第一颗人造地球卫星斯普特尼克 1 号。这是一只用铝合金做成的圆球，直径为 58 厘米，重 83.6 千克。卫星在空间中运行了 92 天，于 1958 年 1 月 4 日进入大气层并被烧毁。这一事件成为人类进入航天时代的重要标志，也为科罗廖夫带来了无比的荣耀。当年瑞典科学院曾提名设计火箭和卫星的科学家应该获诺贝尔奖，当他们致信向苏联询问设计者是谁时，赫鲁晓夫却回答说"是全体苏联人民"，就这样科罗廖夫与诺贝尔奖失之交臂。

科罗廖夫又马不停蹄地进行了载人航天的研究工作，1961 年 4 月 12 日莫斯科时间上午 9 时 07 分，苏联航天员加加林乘坐东方一号飞船从拜科努尔航天发射场起航。飞船在最大高度为 301 千米的轨道上绕地球一周，历时 1 小时 48 分钟后安全返回降落地面，完成了世界上首次载人航天飞行，终于实现了千百年来人类进入太空的愿望。

加加林于 1957 年参军，原本是苏联的一名歼击机飞行员，后在 1959 年 10 月的苏联全国航天员选拔赛中脱颖而出，成为首批航天员之一。据说在最后决定由哪位航天员执行首飞之时，航天员们参观了科罗廖夫的飞船，众人都直接进去，只有加加林细心地脱下鞋子走入舱内，唯恐弄脏舱内设备。此举让科罗廖夫大为欣赏，于是力荐加加林首航。此图绘有加加林肖像，背景就是加加林的坐骑——东方一号，它是世界上第一个载人进入外层空间的航天器。

## ■ 美国·阿波罗登月

绘画尺寸：60 厘米 ×80 厘米

　　美苏冷战时期，双方激烈的竞争在各方面展开，有些事情现在说起不免让人啼笑皆非。例如美国为了提高火车速度，把 B-36 轰炸机的发动机装在火车上用于加力。苏联自然不甘落后，如法炮制，把雅克-40 客机的发动机用于火车提速。后来大家都发现这条路走不通，徒具显摆之用，无法投入实际运行，就此无疾而终。

　　同样的竞争也表现在文化上。《战争与和平》是俄罗斯作家列夫·托尔斯泰的名著，但美国人在 1956 年首先把它拍成电影，搬上了银幕，还在苏联公演。此举让苏联人相当不服气，于是苏联投入巨资，也拍了自己版本的《战争与和平》。这版《战争与和平》前后拍摄花了 5 年时间，长达 427 分钟。电影中服饰道具制作精良，深度还原拿破仑战争时期的恢宏景象。电影一经上映就好评如潮，斩获了多项国际影视大奖。

　　如果说这种火车提速和文化竞争有点互相攀比的意味的话，那苏联第一颗人造地球卫星和第一次载人航天飞行，则都实打实地抢在了美国的前头。这些大大地刺激了美国，更加深了美国对在太空竞赛中落后的恐惧。在某种程度上，可以说两国之间的航天竞争，就是科罗廖夫和冯·布劳恩之间的竞争。在当时，美国可谓是连输两局，为了扳回局面，1961 年 5 月 25 日，时任美国总统肯尼迪在一次演讲中明确提出，要在 10 年内把美国航天员送到月球上，这个计划就是史诗般的阿波罗登月计划。

　　要运送载人登月舱和大量载荷飞向 38 万千米之遥的月球，那就必须要有大推力的火箭。为此，冯·布劳恩设计了"土星五号"火箭。该火箭全高 110.6 米，重 3038.5 吨，第

一级采用 5 台 F-1 发动机，推进剂为液氧和煤油；第二级采用 5 台 J-2 发动机，推进剂为液氧液氢；第三级采用 1 台 J-2 发动机，推进剂也为液氧液氢。土星五号是人类历史上最强大的火箭之一，总推力达到了惊人的 3400 多吨（1 吨力即 $9.80665 \times 10^3$ 牛顿），且保持了完美的发射记录。从 1961 年 5 月到 1972 年 12 月，土星五号火箭前后运送了 12 名航天员登上月球。

阿波罗计划背后的投入是惊人的，前后 11 年间耗资将近 255 亿美元，累计有 2 万多家企业、200 多所大学和 80 多个科研机构，总数 30 多万人参与其中。也正是冷战时期美苏激烈的竞争和不计成本的投入，才促使火箭技术和航天事业在几十年的时间内取得了突飞猛进的发展。

第一次登月是在 1969 年 7 月 20 日，航天员阿姆斯特朗乘坐阿波罗 11 号登月舱踏上了月球，踩下了人类在月球上的第一个脚印。他说了一句名言："这是一个人的一小步，却是人类的一大步。"另一名航天员奥尔德林也踏上月球，两人在月表活动了两个半小时，拍摄了大量视频和照片，也采集了一批月球表面岩石标本。人类的首次登月轰动了全球。随即美国又进行了 5 次载人登月，1972 年 12 月阿波罗 17 号的登月任务是最后一次，航天员尤金·塞尔南是迄今最后一个踏上月球的人。

该画描绘了登月舱在月球表面着陆，航天员们出舱行走，指看仙女座大星系的情景。由于没有大气的影响，在月球上看星空可比在地球上看要灿烂得多，而且星星也不会"眨眼睛"。画面中使用了强烈的对比色，即橘黄和蓝紫色。受光部都用了橘红和橘黄色、暗部都用了蓝紫色，这种对比色能造成强烈的视觉效果，也能形成强烈的光感。

航天之路从来都是充满了艰辛，光鲜成功的背后是人类付出的惨痛的生命代价。在冷战高潮的 1960 年代，美国和苏联都发生过多次重大宇航事故。美国最早打算在 1967 年就实现登月，但阿波罗 1 号飞船在 1967 年 1 月进行测试时，指令舱内突然发生了大火，3 名航天员全部丧生，为此登月计划也不得不推迟至 1969 年。而苏联方面最严重的事故发生在 1960 年 10 月 24 日，因为违规操作，苏联一枚注满燃料的火箭在发射场上爆炸。这次事故造成了包括在场的涅杰林元帅在内的超过 75 人死亡，其中很多都是杰出的科学家和工程师，这是世界航天史上最严重的灾难。这次事故，严重影响了苏联的航天发展能力。雪上加霜的是，1966 年，科罗廖夫又因为积劳成疾而病逝。此后因为苏联经济被拖垮，没有强大国力的支持，苏联在航天方面的发展也开始跟不上美国了。

# 中国·1970 东方红

绘画尺寸：60 厘米 ×80 厘米

　　1949 年 10 月 1 日下午，毛泽东主席在天安门城楼上庄严宣告中华人民共和国成立。古老的中国，从此摆脱了百年来积弱积贫和长期混战的局面，迅速地走上了建设发展之路。1953—1957 年间，我国完成了第一个五年计划，实现了国民经济的快速增长，并为我国的工业化奠定了初步基础。在美苏开启探索太空的征程之时，世界各个主要强国都纷纷开展了火箭卫星的研制发射工作，中国自然也不能落后。1958 年 5 月 17 日，毛泽东主席在一次会议上提出："苏联和美国把人造卫星抛上了天，我们也要搞人造卫星。"

　　人造卫星的正式研制工作从 1965 年开始，火箭和卫星的设计师是我国著名的科学家钱学森、赵九章、孙家栋等人。研制工作是在极其保密的情况下进行的，很多科研人员都隐姓埋名，默默地为我国的科研事业而奋斗着。

　　1970 年 4 月 24 日 21 时 35 分，这是一个所有中国人都应该铭记的时刻。在苍茫的夜色中，大漠戈壁深处的酒泉卫星发射场上腾起一条巨龙，我国第一颗人造地球卫星东方红一号由长征一号运载火箭送入近地点 439 千米、远地点 2384 千米、倾角 68.5 度的椭圆轨道。卫星播放的《东方红》乐曲也通过遥测信号从太空中传到了世界各地。

　　东方红一号卫星重 173 千克，超过美国和苏联的第一颗卫星的重量。长征一号火箭的第一、第二级是液体火箭，第三级是固体火箭。第一、第二级火箭负责把卫星送到入轨点，第三级火箭点火后会再给卫星一个加速度。起飞 10 分钟后，火箭就把卫星送入轨道，使其开始围绕地球正常运行。

东方红一号的发射成功,吹响了新中国向太空进军的号角,使中国成为继苏、美、法、日之后世界上第五个独立研制并发射人造地球卫星的国家。由于卫星的高度非常高,几乎没有受到大气阻力,迄今卫星仍在轨道上运行。

由于东方红一号卫星有着特殊的意义,国务院批复同意自 2016 年起,将每年 4 月 24 日作为"中国航天日",旨在宣传中国和平利用外层空间的一贯宗旨,大力弘扬航天精神,科学普及航天知识,激发全民族探索创新热情,唱响"发展航天事业,建设航天强国"的主旋律,凝聚实现中国梦航天梦的强大力量。

为了能够更好地在画面上表现出艰苦奋斗、奋发图强的"两弹一星"精神,作者在构图上采取卫星飞过长城上空作为场景,再加上旭日东升、云蒸霞蔚作为背景衬托,在色彩上则大量使用鲜艳的橘黄色,表现新中国如旭日朝阳般蓬勃向上的精神。东方红一号卫星的升空是中国人民自力更生、艰苦奋斗精神的生动写照,有力证明了中国特色社会主义制度集中力量办大事的优势。

人民日报 1970 年 4 月 25 日头版报道我国第一颗人造地球卫星发射成功（图源：新华社）

## ■ 美苏·航天飞机

绘画尺寸：60 厘米 × 80 厘米

传统火箭一般都采取三级火箭的结构，第一、第二级发射后抛弃，所以发射代价非常高昂。在 20 世纪 70 年代，美国决定研发一种区别于传统火箭、能往返于近地轨道和地面间的、可重复使用的运载工具。它既能像传统火箭那样垂直起飞，又能像飞机一样在返回大气层后在机场着陆，这就是航天飞机。

1981 年，美国第一架航天飞机哥伦比亚号正式服役。随后 30 年间，美国的"哥伦比亚号"、"挑战者号"、"发现号"、"亚特兰提斯号"和"奋进号" 5 架航天飞机先后共执行了一百多次任务，帮助建造了国际空间站，进行了发射、回收和维修卫星工作，并开展了其他空间科学研究等。

改造后的波音 747 客机驮着航天飞机，承担起航天飞机运输机（Shuttle Carrier Aircraft，SCA）的职务（图源：NASA / Carla Thomas）

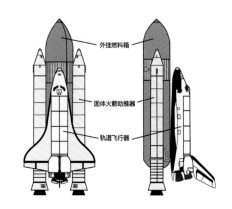

外挂燃料箱

固体火箭助推器

轨道飞行器

航天飞机结构示意图（绘图：郭珊）

逐梦星空

　　航天飞机的主体是轨道飞行器，它不像三级火箭那样发射，而是利用外挂燃料箱和固体火箭助推器来获得推力。

　　轨道飞行器的前段是航天员座舱，分上、中、下 3 层。上层为飞行控制室，可容纳 8 人。中层为中舱，也是供航天员工作和休息的地方。下层为底舱，是安放各种设备的地方。

　　飞行器的中段为货舱，是放置人造地球卫星、各种探测器和大型实验设备的地方。货仓也可以装载大量物资进入太空，给空间站以补给。货舱的上部可以张开，用于施放、回收人造地球卫星和探测器等航天器。航天员甚至还可以在货舱中对回收的航天器进行修理。

　　轨道飞行器的后段是用于控制飞行姿态的垂直尾翼，以及三台主发动机和两台轨道机动发动机，发动机的燃料均在外挂燃料箱内。

　　外挂燃料箱能装 700 多吨的液氢液氧。固体火箭助推器有两台，位于两侧，采用高氯酸铝粉、铝粉、氧化铁粉和黏合剂作为推进剂。起飞时，外挂燃料箱和固体火箭助推器同时点火，产生巨大的推力使航天飞机起飞。耗尽燃料后，助推火箭和外挂燃料箱先后分离脱落，此刻航天飞机已在 100 千米高度以上，达到第一宇宙速度了。

　　出于和美国进行太空军备竞赛的目的，苏联也制造了"暴风雪号"航天飞机。在苏联解体之前，"暴风雪号"进行了唯一一次试飞。此图展现了美苏两架航天飞机飞翔在太空的样子，背景是行星状星云。

　　太空航行总是充满了风险，航天飞机也不例外。自诞生之日起，它们似乎就命途多舛，各种大小事故接连不断。1986 年 1 月 28 日，美国"挑战者号"航天飞机发射起飞后 73 秒，就在众目睽睽之下爆炸，7 名航天员命丧太空。2003 年 2 月 1 日，"哥伦比亚号"航天飞机在重返地球大气层时解体，又导致 7 名航天员死亡。

　　苏联的航天飞机也厄运不断。自 1991 年苏联解体后，巨额的航天资金难以维持，"暴风雪号"航天飞机一直被遗弃在库房里，年久失修，后来竟被倒塌的库房砸坏。各种原因最终迫使航天飞机退出了历史舞台。

## ■ 美国·旅行者号

绘画尺寸：60 厘米 ×80 厘米

　　在现代天文学家眼里，我们的宇宙是怎么构成的呢？为了认识宇宙，人类可是付出了千百年的艰辛努力，才让我们的目光从太阳系拓展到银河系，进而认识河外星系乃至整个宇宙。

　　首先是我们的太阳系，自从英国亚当斯和法国勒维耶算出海王星轨道后，很长一段时间内，新行星的搜索工作都没有进展。直到 1930 年，美国年轻的天文学家克莱德·汤博采取照相的方法发现了冥王星，并将其视为当时太阳系的第九大行星。2005 年，科学家又在冥王星之外陆续发现了阋神星、鸟神星、妊神星等冥外天体。进一步的研究发现冥王星的质量只有其轨道上其他所有天体质量之和的 7%，不满足行星的条件，国际天文联合会（IAU）因此在 2006 年将冥王星排除出行星行列，和阋神星、鸟神星等一起划为矮行星。

　　现在我们知道，太阳系包括太阳、八大行星及其卫星、小行星、矮行星、彗星、星际尘埃物质等。在太阳系内丈量距离，我们一般用 AU 作为单位。前面说过，1AU 等于地日平均距离，约 1.5 亿千米。在太阳系的最外围，距离太阳约 5 万 ~10 万 AU 的地方，存在一个巨大的冰雪物质构成的"冰雪仓库"，即奥尔特星云，一些长周期的绕日彗星就是来自这里。若是以奥尔特星云作为太阳系边界的话，太阳系的直径约为 20 万 AU。

　　太阳系位于银河系内，银河系是一个棒旋星系。中心是一个由亿万恒星所组成的"恒星棒"，两边还有若干条旋臂，太阳系就位于其中的猎户座旋臂上。太阳带着整个太阳

系以每秒约 220 千米的速度绕银河系中心进行公转，这个公转周期大概是 2.5 亿年。

人生不过百年，这个 2.5 亿年，让人不得不感慨。在《赤壁赋》里，苏东坡借吹洞箫的客人感慨道："寄蜉蝣于天地，渺沧海之一粟。哀吾生之须臾，羡长江之无穷。挟飞仙以遨游，抱明月而长终。知不可乎骤得，托遗响于悲风。"在太阳系进行上一圈公转时，地球上的恐龙才刚出现，这一圈公转时是人类统治着地球，再下一圈，地球上是怎样的风景真是谁也不知道了。这位客人若是知道这个公转周期，真不知作何感想。

银河系的直径就不用天文单位（AU）来丈量了，而要用光年。银河系呈圆盘状，直径大约为 10 万光年（也有人认为在 20 万~30 万光年间），包含了约数千亿颗恒星（大致为 1000 亿~4000 亿颗）以及大量的星团、星云，还有各种类型的星际气体和星际尘埃等。我们的太阳只是这数千亿颗恒星中的一颗，真可谓沧海一粟。

在北半球，我们晚上用肉眼观看星星，除了金木水火土五星以及偶发的流星彗星外，其他的基本都是银河系内的恒星。而且肉眼可见的恒星大多距离地球比较近，它们与地球的距离大致在几光年到几百光年之间。我们不难发现，夏季的银河在人马座方向特别明亮，那是银河系中心的所在方向。太阳系距离银心大概有 26000 光年。在银心最深处，也就是恒星棒的中心，普遍认为存在一个超大质量黑洞，这个黑洞以其巨大的质量、巨大的引力束缚着银河系内的天体。

若仰望秋季星空，肉眼就能看到仙女座内一个模糊的光斑。它很早就被人发现了，这就是仙女座大星系。在 18 世纪法国天文学家梅西耶所编的《梅西耶星团星云表》中，它的编号是 M31。在很长一段时间内，它被认为是位于我们银河系内的一个星云。一直到了 20 世纪 20 年代，美国天文学家哈勃用威尔逊山天文台的望远镜辨认出了 M31 中的几颗造父变星，并由此计算出 M31 的距离，发现这一距离达到了惊人的 200 多万光年之遥。

但这个 200 多万光年还算是近的，M31 也算是我们银河系的邻居。银河系和仙女座

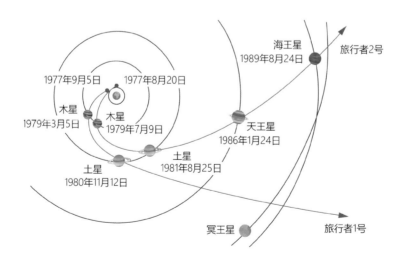

旅行者一、二号飞行路线（绘图：郭珊）

大星系、麦哲伦星系等超过 50 个邻近的星系组成了本星系群。本星系群的直径大约有 1000 万光年。

在更大的尺度上，数千亿计的星系共同组成了星系巨壁。星系巨壁是宇宙中最大的已知结构，足足有 5 亿光年长、3 亿光年宽、1500 万光年那么厚。宇宙可能就是由一系列星系巨壁构成的。目前人类科技能够探测到的最遥远的星系，距离我们大约是 134 亿光年。

除了还没有定论的暗物质和暗能量之外，以上大致就是我们目前对已知宇宙结构的认识。宇宙实在是太大了，距离我们最近的恒星，除了太阳之外就是半人马座的比邻星，它距离我们约 4.22 光年。相比于地球到月亮的 1 光秒多，或者地球到其他行星的几光分来说，恒星和恒星之间的距离，才是真正的"星际空间"。

金唱片（图源：NASA）

航天员们虽然能飞向太空，飞向月球，但毕竟还是在太阳系内。探求永无止境，人类向往着能飞出太阳系、飞入真正的星际空间。为此在 1977 年 8 月和 9 月，美国发射了两艘星际飞船，这就是著名的旅行者 1 号和旅行者 2 号。这两艘姊妹探测飞船沿着两条不同的轨道飞行，它们担负着探测太阳系外围行星的任务，将不断向远方前进，直至飞出太阳系。

为了与可能存在的外星文明联系，旅行者号还带着金唱片。唱片上录制有地球上的各种刮风、下雨、雷声等自然声音和各国语言、音乐、戏剧等等，甚至还有中国的古曲《流水》。

在画作中，这两艘姊妹飞船在以疏散星团和球状星团为背景的宇宙空间里飞行。长途漫漫，前途未卜，这是一场悲壮的永不返航的行程。她们或许会在亿万年后进入其他星系，或许被外星文明捕获。到那时，虽然我们人类甚至地球都可能已不复存在，但至少可以证明在太阳系中，在地球上曾出现过一群仰望星空的人类，他们也在星空里留下了属于自己的文明痕迹。

 造父变星：造父变星是变星的一种，是一类非常明亮的周期性脉动变星，它的亮度随时间呈周期性变化。它的亮度变化一周所用的时间与它的光度成正比，天文学家利用造父变星来测量星系的距离。

# 美国·行星探索

绘画尺寸：60 厘米 ×80 厘米

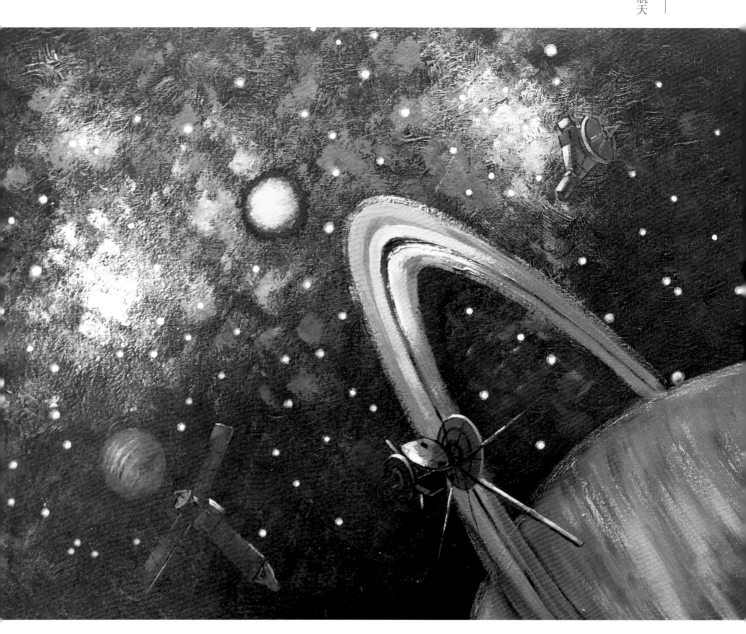

在这幅画中，我们可以看到三艘飞船，它们分别是土星探测飞船卡西尼号、木星探测器朱诺号和冥王星探测飞船新视野号。

在地面上，即使我们用再大的望远镜观测太阳系内各大行星，也很难获得很多细节，毕竟它们距离我们是如此的遥远，所以发射飞船对太阳系内各行星进行探测的重要性自然便不言而喻了。从 20 世纪 60 年代开始，美国和苏联就对金星、水星、火星发射过飞船，进行过行星探测。相比木星和土星而言，这三颗行星距离地球较近，探测任务也更容易获得成功。

卡西尼号是由美国牵头，17 个国家共同合作的土星探测项目。卡西尼号土星探测器于 1997 年 10 月 15 日发射升空，在 2004 年 7 月进入土星轨道，成为第一颗"人造土星卫星"。从 2004 年 7 月到 2017 年 9 月 15 日进入土星大气层结束任务这 13 年间，卡西尼号对土星及其卫星进行了详细的探测并拍摄了大量的照片。卡西尼号甚至还放出了一艘小探测器惠根斯号在土卫六上着陆，对土卫六地表进行了科学探索。

木星探测器朱诺号是美国于 2011 年 8 月发射的，经过 5 年的飞行，于 2016 年 7 月成功进入木星轨道，成为一颗"人造木星卫星"。朱诺号取得了大量的观测数据和木星高清照片，目前仍在轨工作着。

新视野号可以看作是旅行者 1 号、2 号的接力者，它于 2006 年 1 月 19 日发射。新视野号速度非常快，它于 2015 年 7 月 14 日飞过冥王星，第一次拍到了高清晰度的冥王星表面照片，随即继续往太阳系外围飞去。

实际上这三艘飞船彼此相距非常遥远，不可能出现在同一张照片中，但绘画可以做到。图中以土星位置作为视角，远处为橘红色的太阳。可以看到在土星光环附近飞行的卡西尼号，它的左侧是远处的木星和朱诺号，右上侧的新视野号则在飞离太阳系。

## 中国·"中国天眼"射电望远镜

绘画尺寸：60 厘米 ×80 厘米

我们肉眼看到的是可见光，可见光是电磁波的一部分。本质上，电磁波是一种能量，凡是温度高于绝对零度的物体，都会发出电磁波。电磁波是一个大家族，包括伽马射线、X 射线、紫外线、可见光、红外线、微波、射电波等，它们的区别就是波长。除了可见光，我们对电磁波的其他部分也并不陌生：若是某人不幸摔断了胳膊，那就要到医院拍 X 光片；家里的微波炉，就是利用微波对食品进行加热；而爱美的女士们，每次出门前必定会关心紫外线的强度，用防护霜以保护皮肤。

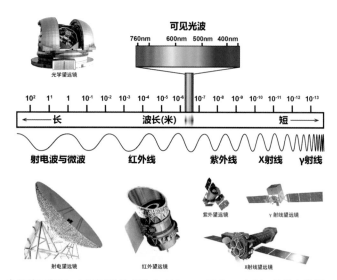

电磁波示意图，可见光的波长约在 400nm—760nm 之间，目前人类拥有各波段望远镜，覆盖范围从伽马射线一直到射电波（绘图：郭珊）

南仁东（1945 年 2 月 19 日—2017 年 9 月 15 日），中国科学院国家天文台研究员，人民科学家，曾任 FAST 工程首席科学家

除了可见光外，宇宙天体还能发出无线电波，我们把它叫作射电波，其中有一部分能穿透地球大气层，到达地面。射电望远镜就是专门用于接收天体发出的射电波的望远镜。

射电望远镜基本由三部分组成。首先是天线，大多数射电望远镜的天线是抛物面天线，用于接受天体射电波并聚焦。就像光学反射天文望远镜的主镜将可见光聚焦一样。其次是信号接收器和放大器，用以接收和放大来自天体的非常微弱的射电信号。射电波经过数光年乃至数千万光年的旅程到达地球时，其信号都非常微弱，所以要用巨大口径的天线接收，然后再放大。最后是记录器，用于记录信号，天文学家一般用电脑来处理和分析接收到的数据。

射电望远镜观测的波长从 1 毫米到 30 米，这个范围内一些波长的电磁波可以透过厚厚的星际尘埃云的遮挡，也可以轻松穿过浓密的地球大气云层。射电观测不受气象条件的影响，一天 24 小时全天候都可以观测，因此极大扩展了人类对宇宙空间的观测范围。

此画描绘了旭日朝阳下的中国 500 米口径球面射电望远镜（简称：FAST、"中国天眼"）。这是我国"十一五"重大科技基础设施建设项目，位于中国贵州省平塘县境内，总设计师是天文学家南仁东。该望远镜是利用贵州当地独特的喀斯特地貌，在山谷之间架设望远镜镜面而建设的。工程于 2011 年动工，2020 年 1 月 11 日通过国家验收正式开放运行，是全世界口径最大的射电望远镜。可惜的是，2017 年 9 月 15 日南仁东先生因病去世，未能看到望远镜全面落成。2019 年 9 月 17 日，国家主席习近平签署主席令，授予南仁东"人民科学家"国家荣誉称号。

我们知道，星云是宇宙空间中绵亘数光年、数十光年的巨大天体，其主要成分是宇宙尘埃、氢气、氦气和其他等离子体。恒星便是由星云中的物质凝聚而成，我们的太阳

可见光波段和射电波段的照片对比。左侧为星系可见光照片，右侧为射电望远镜拍摄的星系 21 厘米中性氢波段照片。可见在星系外围还存在大量中性氢气体

亦如此。在星云中氢元素在温度较低的区域会以中性氢原子的形式存在，我们称之为中性氢区。中性氢能发出波长为 21 厘米、频率为 1420.40 兆赫兹的射电辐射，这就是中性氢 21 厘米谱线。这个波长正好能被射电望远镜接收到。对中性氢 21 厘米谱线的观测也是"中国天眼"的重要任务之一。

另外，19 世纪的物理学家多普勒发现，声源在远离观测者的时候，观测者接收到的波长会变长，频率会降低。声源在接近观测者的时候，观测者接收到的波长会变短，频率会升高。这点我们在日常生活中也可以感受到：假如你站在路边，一辆汽车高速驶近的时候，它的喇叭声会非常尖锐，因为喇叭声的波长变短，频率升高了；当汽车离你远去时，喇叭声会变得舒缓，因为其波长变长，频率下降了。

光具有波粒二象性，多普勒效应对光也适用。天文学家很快将其用于对天体的研究，光波频率的变化使人感觉到的是颜色的变化。如果恒星远离地球而去，则光的谱线就会向红光方向移动，称为红移；如果恒星向地球靠近，光的谱线就会向蓝光方向移动，称

为蓝移。中性氢发出的辐射也一样，当中性氢原子与我们保持相对静止时，其 21 厘米谱线的频率为 1420.40 兆赫兹；当中性氢原子向地球靠近或远离时，其频率也会发生多普勒效应，向地球靠近时频率升高，远离地球时频率降低。所以通过测量 21 厘米谱线的频率变化，我们还可以知道中性氢的运动速度和方向。

"中国天眼"的另一个重要任务，是探测宇宙中的快速射电暴（FRB）。快速射电暴是最近十几年来新发现的一种来自银河系外的高能天文现象。它爆发的持续时间极短，往往仅为几个毫秒。但在这几毫秒时间里释放的能量相当于太阳几天甚至一年内释放的能量总和。2022 年 3 月，中国科研团队利用 FAST 观测并计算出了快速射电暴的起源证据，这一发现于 3 月 18 日刊登于国际权威学术期刊《科学》杂志。但目前快速射电暴的物理起源机制尚不很明确，这也是当今天文学的一个重要研究方向。

作为大国重器，"中国天眼"是具有战略性、全局性、前瞻性的国家重大科技项目，它大大增强了我国的自主创新能力。天眼望远镜大幅度地拓展了人类的视野，它可用于探索宇宙起源和演化、巡视宇宙中的中性氢、研究宇宙大尺度结构等。截至本书编写时期的 2022 年 7 月，天眼望远镜在中性氢、快速射电暴等研究领域都取得了一系列重大成果。

目前"中国天眼"已向全世界天文学家开放，各国天文学家可以根据自己的研究需要向"中国天眼"提出观测的申请。随着国际化的不断深入的研究，我们期待"中国天眼"能够给我们带来更多的发现。

# 中国·郭守敬望远镜

绘画尺寸：60厘米×80厘米

在19世纪，科学家们就发现不同的化学元素燃烧的时候产生的火焰颜色是不一样的，比如钠产生黄光、钾是紫色，这就是焰色反应。后来人们制作了分光镜，最初的分光镜非常简单，由一个本生灯（其燃烧火焰几乎是无色的）、一个狭缝、一块三棱镜和一个小望远镜组成。人们让各种物质燃烧产生的光先通过狭缝再进入三棱镜分光，然后通过小望远镜观察分光后光的偏折角度。通过分光镜，人们发现不同元素燃烧的光会产生不同的明线光谱。接着又发现即使把不同的物质混合在一起，组成混合物的物质的光谱线依然会在光谱中同时呈现，彼此互不影响。

现在人们拥有各种光谱仪，只要利用不同元素的光谱特征进行分析，就能判别出混合物中含有哪些元素，这些元素又是呈何种分子结构，这就是光谱分析技术。把光谱分析用于天文研究，例如对太阳光球层的光谱分析，天文学家就能确定太阳上含有超过69种化学元素，甚至还有黄金。

说到太阳上的黄金，还有个有趣的故事。德国物理学家基尔霍夫是光谱分析的创始人之一（另一位就是本生灯的发明者本生），有一次基尔霍夫在讲座中指出，从太阳光谱上看到的黑线证明太阳上有黄金存在。一位听讲座的银行家嘲笑说："即使太阳上有也拿不到，那这样的黄金有何用呢？"后来基尔霍夫因在光谱分析方面的贡献荣获了金质奖章，他把奖章给那位银行家看，并说："你瞧，我终于从太阳上得到了黄金。"

科学研究在很大程度上是超前的。对科学研究，特别是对基础科学的研究，我们不

能要求立竿见影，也不能用实用主义来看待。现在研究的课题，即使现在没有立即派上用场，但将来说不定会在某个地方大有用处，从而造成科技的突破性进展。光谱分析也是如此，现在它已经是一种非常重要的物化分析手段，很多研究都离不开它。又如英国的法拉第，他发现了电磁感应现象，并发明了圆盘发电机。据说有一次他给大家演示的时候，一位贵妇人问法拉第这些有什么用呢？法拉第回答道："夫人，一个刚刚出生的婴儿有什么用呢？"如果用短浅的眼光看待基础科学的研究，我们也会犯与银行家和贵妇人同样的错误。

宇宙中存在着各种千奇百怪的天体，它们的光谱中包含着丰富的物理化学信息。若是能对这些光谱做仔细分析，我们就能够获得天体更加详细的资料。但过去由于各种条件的限制，由巡天成像记录下来的数以百亿计的各类天体中，只有很小的一部分进行过光谱观测。为此，我国研制了大天区面积多目标光纤光谱天文望远镜（LAMOST），大大提高了对天体的光谱分析能力。图中所绘就是雪后初霁的 LAMOST，该望远镜位于兴隆观测站。前景红梅盛开，背景中的冬季大三角星光灿烂。

LAMOST，也叫郭守敬望远镜。这是由中科院国家天文台承担研制的我国自主创新的、世界上光谱获取率最高的大视场兼大口径望远镜。它的中文全称似乎有些复杂绕口，但其实不难理解。首先它的主镜拥有 4 米大口径，能收集更多的光线、看到更暗的天体。望远镜视场更是达到了惊人的 5 度。要知道 5 度对于望远镜来说，是个极大的视场。满月的角直径约 0.5 度，那么 5 度相当于 10 个满月并排这么大的区域。所以 LAMOST 一次就可以观测很大一片天区内的多个天体目标。明白了这点，我们就能理解望远镜名字中的"大天区面积"了。

其次，LAMOST 目前安装有 4000 根光纤，这些光纤将接收到的天体的光分别传输到多台光谱仪中进行分析，可以同时获得它们的光谱图像，也就达成了"多目标"。综而述之，LAMOST 的特长就是能对大面积天区内多个天体同时进行观测，并可同时做光谱分析。LAMOST 于 1997 年立项，2001 年动工，2012 年 9 月启动科学巡天工作。

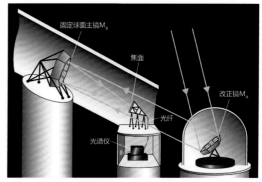

LAMOST 内部结构图（绘图：郭珊）

早在 2007 年 5 月 28 日，当时尚处于调试中的 LAMOST 就开门红，喜获首条天体光谱。随即望远镜的收获越来越多，2008 年 9 月 27 日，LAMOST 一次性获得

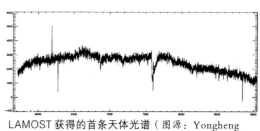

LAMOST 获得的首条天体光谱（图源：Yongheng Zhao，2014）

1000 条天体光谱，打破了由美国斯隆数字巡天项目保持的 640 条的世界纪录。LAMOST 正式成为全世界天体光谱获取率最高的天文望远镜。

LAMOST 目前已观测到超过 1400 万条天体光谱，科学家们能从这些光谱中分析推导出各类天体的基本信息，例如温度、密度、各种元素丰度等。也正是这些数据让我们对银河系的认知得到了进一步的加强。

# 美国·哈勃空间望远镜

绘画尺寸：60厘米 ×80厘米

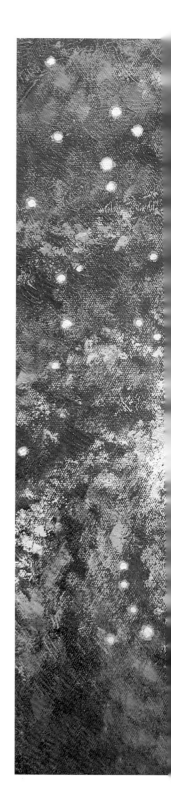

　　我们地球上厚厚的大气层对星光有遮挡和消光作用，气流的扰动也让光学望远镜的成像质量大打折扣。此外还有风霜雨雪，这使得望远镜并不能全天候地工作。所以科学家们就设法把望远镜发射到太空中去，使它成为一颗人造地球卫星。这样的望远镜就不会受地球大气活动的干扰，且可以全天候地工作了。

　　为此，美国在1990年4月24日发射了哈勃空间望远镜（HST）。这是以美国天文学家爱德温·哈勃命名的空间光学望远镜。哈勃望远镜口径为2.4米，带有多种观测暗弱天体的仪器，在地面上空约640千米高度的轨道上环绕地球。此图就描绘哈勃望远镜飞翔在太空的情景，背景为玫瑰星云和旋涡星系。

　　为了保证哈勃望远镜的正常工作，美国航天局（NASA）可谓不惜血本，先后5次派出航天员登上望远镜进行维护检修，并添加了大量的设备仪器，如近红外相机、多目标分光仪、图像摄谱仪、测绘照相机、多个陀螺仪等等。

　　迄今为止，哈勃空间望远镜已在太空中工作了30多年。拍摄回传了大量的天体照片，从而让天文学家们了解更多的宇宙奥秘。这些千奇百怪的天体也让普通民众大开眼界，我们现在能在网上看到各种漂亮的天体照片，其中有很多都是哈勃空间望远镜拍摄的。

　　遥远的天体都极其暗弱，需要进行长时间的曝光拍摄才能够获得清晰的图像。例如著名的哈勃极深场（Hubble Ultra Deep Field，HUDF），在拍摄天炉座的

哈勃深场（图源：NASA，ESA）

一小部分天区时，累计曝光时间达 100 多天。从拍摄到的照片中，我们可以看到 130 多亿年前的各种奇特天体，即宇宙诞生不久后的样子。

由于哈勃已经服役 30 多年，其部分零件已严重老化，哈勃的接班者是韦布空间望远镜（JWST）。由于资金技术以及全球疫情的影响，原计划于 2007 发射的韦布空间望远镜一直拖到 2021 年 12 月才发射。经过数月的调试拍摄，2022 年 7 月 12 日，韦布空间望远镜拍摄的首张天体照片正式公布，照片中的星系团距我们约 46 亿光年。

韦布空间望远镜的观测波段是红外波段，其观测能力远胜目前所有地面或轨道望远镜。人们期待它能拍摄到可观测宇宙的深处，揭开宇宙诞生初期的神秘面纱。

由艺术家绘制的韦布空间望远镜
（图源：NASA GSFC/CIL/Adriana Manrique Gutierrez）

韦布空间望远镜拍摄的一张照片
（图源：NASA， ESA， CSA， and STScI）

## 中国空间站和国际空间站

绘画尺寸：60厘米 × 80厘米

    一个巨大的"中"字形飞行器划过天际苍穹，不断地在漫漫征途中进行科学求索、不断地将中国荣耀描绘在星空的画卷里、不断地在浩瀚星空中讲述着中国的航天故事，这个飞行器就是中国空间站，这个飞行器就代表着中国人的逐梦星空。

    早在1992年，我国就制定了载人航天工程"三步走"发展战略，建设中国自己的空间站是发展战略的重要目标。2018年11月6日，中国空间站"天和"号核心舱首次亮相珠海航展，以1:1的实物形式出现在公众面前。核心舱有3个对接口和2个停泊口。核

太空出差三人组正在天宫课堂上与同学们互动

逐梦星空

心舱主要用于空间站的统一控制和管理，以及航天员生活。它具备长期自主飞行能力，能够支持航天员长期驻留，还能支持开展航天医学和空间科学实验。

中国空间站又名天宫空间站，由天和核心舱、梦天实验舱、问天实验舱、载人飞船（"神舟"号飞船）和货运飞船（天舟飞船）五个模块组成。各飞行器既是独立的，具备独立的飞行能力，又可以与核心舱组合成空间组合体，在核心舱统一调度下协同工作，完成空间站承担的各项任务。整个中国空间站预计在 2022 年前后建成。空间站轨道高度为 400~450 千米，倾角 42~43 度。空间站设计寿命为 10 年，能长期驻留 6 人，可进行较大规模的空间应用。空间站外形看上去像一个汉语书法的"中"字，充满中国特色，结构优美、寓意深刻。正如画面中所绘，"中"字形的中国空间站，飞翔在无垠的星云背景中，在背景的左下角，还可以看到国际空间站。

国际空间站（ISS）由美国、俄罗斯牵头，总共有 16 个国家参与建造。国际空间站拥有各种现代化科研设备，可开展大规模、多学科基础和应用科学的研究，可供多名航天员长期驻留。ISS 自 1998 年正式开始建造，经历了多国十多年天地往返的建设，于 2010 年完成，并转入全面使用阶段。国际空间站主要由美国航天局、俄罗斯航天国家集团、欧洲空间局、日本航天局、加拿大宇航局共同运营。

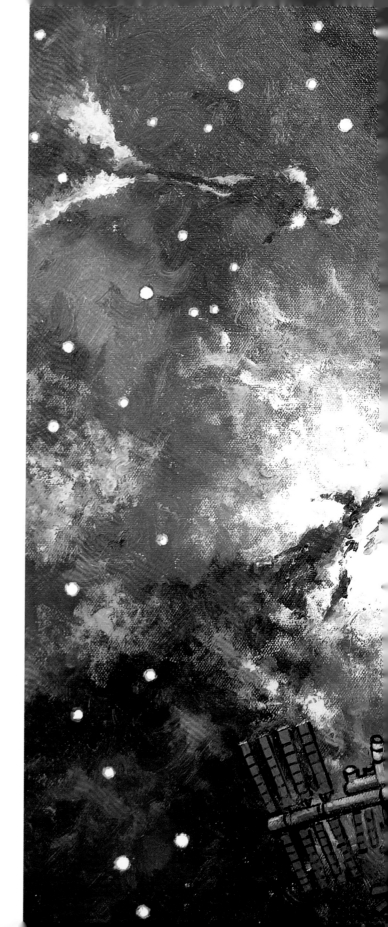

中国·天问火星探测

绘画尺寸：60厘米×120厘米

作为地球的邻居，在太阳系内，火星的地理环境和地球最为接近。火星是一颗火红色的星球，它的南北极地区都有白色的极冠，极冠的大小随季节变化，和地球上南北极的冰雪在夏天溶化的情景一样。火星极冠的成分既有干冰，也有水冰。

19 世纪意大利的科学家就发现火星表面有几百条"沟渠"一样的黑暗条纹，他通过手绘将之记录下来并发表了火星表面图。人们在将意大利文"沟渠"（canali）翻译成英文的时候，翻译成了"运河"（canal）。结果这造成了英语世界人们的极大兴趣，因为运河都是人工开凿的。人们猜想，既然火星上有运河，那肯定有高级生命的存在。于是各路作家和电影导演也不甘寂寞，先后编写拍摄了不少大战火星人的小说和电影。

从 20 世纪 60 年代开始，美国和苏联就多次对火星进行探测。进入 21 世纪，中国自主的火星探测行动也蓬勃地开展了起来，这一任务所发射的第一颗卫星就是天问一号。

天问一号于 2020 年 7 月 23 日在文昌航天发射场由长征五号遥四运载火箭发射升空，经过半年多的飞行，于 2021 年 2 月到达火星附近，进入绕火轨道。2021 年 5 月 15 实施降轨，在地面测控站各种指令下，着陆器和环绕器分离，最后在火星乌托邦平原表面软着陆，随即放出祝融号火星车，在火星表面开展科学探测工作。6 月 11 日，中国国家航天局举行了天问一号首批影像图揭幕仪式，公布了由祝融号火星车拍摄的着陆点全景、火星地形地貌、着巡合影等影像图，这标志着中国首次火星探测任务取得圆满成功。

本次发射利用的是长征五号火箭，它因为外形粗壮，看起来胖墩墩的，所以也被人们戏称为"胖五"。"胖五"捆绑了四个助推器，四个助推器采取液氧煤油发动，一二芯级采取液氢液氧助推。火箭总长 56.97 米，具备近地轨道 25 吨、地球同步转移轨道 14 吨的运载能力，可以完成近地轨道卫星、地球同步转移轨道卫星、太阳同步轨道卫星、空间站、月球探测器和火星探测器等各类航天器的发射任务。作为中国目前最强的大推力火箭，长征五号的研制成功，使中国运载火箭低轨和高轨的运载能力均跃升至世界第二，是中国由航天大国迈向航天强国的关键一步。

从 2000 多年前的屈原天问，到现在的天问一号，中国人继续在行星探索的征程书卷上谱写着浪漫的科学诗篇。以科学事件作为绘画创作的新题材和新素材，也是画家们应该关注的一个方向。此画就由三部分构成：左侧描绘了长征五号火箭携带天问一号升空的情景；中间部分描绘了天问一号飞向火星的途中，大家可以看到橘红色的火星，以及火星上白色的极冠；右侧描绘了祝融号在火星表面巡视，背景是火星灰红色的天空。

# 中国·喀什深空站

绘画尺寸：60 厘米 ×80 厘米

从画面中的蓝灰色调中，我们能感受到寒冷的冰雪气氛。就在这漫天的风雪中还有几台射电望远镜在不知疲惫地工作着，接收着来自探月、探火卫星的信号并进行着测控。此画描绘的是中国喀什深空站，前景是四台射电望远镜，背景是巍峨的雪山。从绘画上看，同样是射电望远镜，但这幅画和上一幅"中国天眼"是两种完全不同的色调：上一幅色彩绚烂，旭日东升；而这张特意采取冷色调，让人感受到戈壁深处的风雪苍茫，不由联想到在此工作的科研人员的不易。

射电望远镜不仅可以单独使用，天文学家还可以把几台，甚至几十台射电望远镜组合起来，形成射电望远镜阵。甚长基线干涉测量（VLBI）运用的便是这样的思路。VLBI 能够利用相距遥远的多台射电望远镜同时观测一个天体，模拟出一个巨型望远镜的

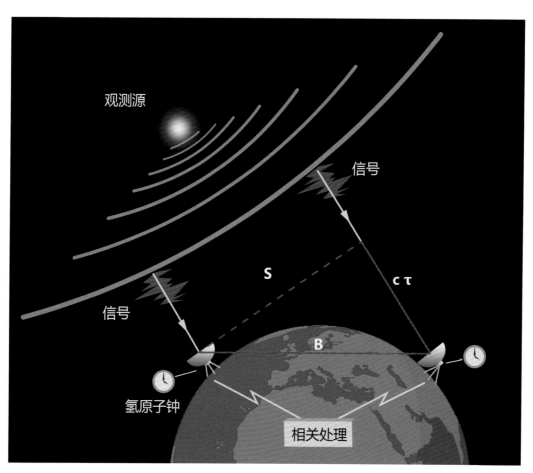

VLBI 示意图（绘图：郭珊）

上海佘山 65 米望远镜（作者：罗方扬）

观测效果，其口径相当于望远镜之间的间隔距离。

　　VLBI 技术原理和我们前面讲过的三角测量法有些类似。我们以最简单的两台望远镜的情况为例，把两台相距遥远的射电望远镜之间的连线作为基线，两台射电望远镜各自配有一个精密的氢原子钟，能够分别准确地测量时间。两台望远镜同时接收同一个天体发出的信号，并记录下来，然后把信号做相关处理，就可求出相同信号到达基线两端的时刻之差（时延）及其变化率（时延率）。采用这种技术，天文学家就可以对遥远的射电源进行精确的观测了。

　　中国甚长基线干涉网由位于北京、上海、昆明和乌鲁木齐四地的射电望远镜以及位于上海天文台的数据处理中心组成，其分辨率等效于口径为 3000 多千米的巨大望远镜。VLBI 技术不仅可以用于天体测量，还可以用于航天，对各种航天器进行定位和测控。

　　我国首次把 VLBI 技术应用于航天器测控，测控对象就是探月卫星嫦娥一号。卫星发射前，科研人员先对中科院 VLBI 网进行了适当改造，使其作为探月工程测控系统的一个分系统，称为"VLBI 测轨分系统"。嫦娥一号于 2007 年 10 月 24 日在西昌发射，当卫星高度达到 2 万千米时，VLBI 测轨分系统即开始对卫星进行全程跟踪测控。所获数据几分钟内即发送至航天指控中心，中心接收到四地观测站的数据后，进行各种误差修正和卫星位置计算，并在数分钟内完成计算分析。观测得到的海量数据的流量达百兆比特 / 秒，我国对这些数据的快速计算和处理能力都达到了国际先进水平，VLBI 技术为我国首次探月的成功做出了重要贡献。特别值得一提的是，自 2012 年上海佘山 65 米射电望远镜建成后，中国 VLBI 网对航天器的测量精度和灵敏度又大大地提高了。

　　图中所绘的喀什深空站也是我国深空测控网的重要组成部分，参与了嫦娥三号、鹊桥中继星、嫦娥四号、天问一号等深空测控任务。在 2021 年 5 月天问一号携带的着陆器进行着陆的全过程中，喀什深空站、佳木斯深空站和中国位于阿根廷的深空站对环绕器进行了持续测控和数据接收。正是在地面"牧星人"各种指令下，着陆器和环绕器分离后，才能精准安全地在火星表面着陆，并放出祝融号火星车进行火星表面探测。

## 中国·北斗导航

绘画尺寸：60厘米×80厘米

老司机们估计都有这样的回忆：以前出门开车去陌生的地方，出发前必定要先看好地图确认路线，默记于心，生怕走错。在很多大城市一旦走错一个路口，想掉头是很困难的事。而且车流量大时，也很难停车去问路，弄不好交警会给你开个罚单。

曾几何时，这种回忆已成历史，现在开车再也不必担心线路。几乎每辆汽车上都带有导航系统，出发前只要设定目的地，导航系统便会和天上的卫星联网，自动计算出最佳行车路线。

这一切，都得益于先进的卫星导航系统。现在全世界有四套导航系统，分别是中国的北斗卫星导航系统（BDS）、美国的全球定位系统（GPS）、俄罗斯的格洛纳斯系统（GLONASS），还有欧洲的伽利略定位系统（GALILEO）。北斗卫星导航系统，是我国自主建设、独立运行的卫星导航系统，是联合国卫星导航委员会已认定的供应商。

北斗卫星导航系统由空间段、地面段和用户段三部分组成。可在全球范围内全天候、全天时为各类用户提供高精度、高可靠定位、导航、授时服务，并且具备短报文通信能力。定位精度为分米、厘米级别，测速精度达到0.2米/秒，授时精度约为10纳秒。

从1994年立项到2000年建成北斗一号系统，从2012年开始正式提供区域服务，再到2020年服务全球，整个系统历经20多年的建设，由55颗卫星组成。2020年7月31日，北斗三号全球卫星导航系统建成暨开通仪式在北京举行，习近平总书记宣布北斗三号全球卫星导航系统建成并开通。

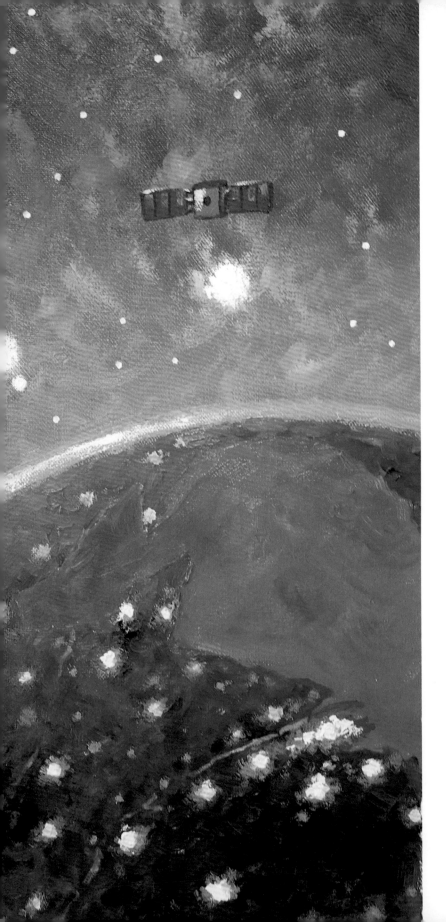

北斗卫星导航系统是拥有战略性、全局性、前瞻性的国家重大科技项目，目前在全球范围内已经有一百多个国家与北斗卫星导航系统签下了合作协议。随着全球组网的成功，北斗卫星导航系统必将在国民经济和国防建设中发挥越来越重大的作用。该画展现了导航卫星飞翔在宇宙空间，和北斗七星遥相呼应的景象。地面上是中国东部地区，地面万家灯火，北斗星光璀璨。通过地面各个光点的位置，我们可以大致判断出各大城市的位置所在。

# ■ 中国·天琴引力波探测计划

绘画尺寸：60 厘米 ×80 厘米

牛顿提出了万有引力定律，人们由此可以计算两个天体之间的引力。但引力显然是一种现象，其本质是什么呢？牛顿试图寻找引力的成因，但并未获得成功。此后人们认为引力是一种"超距作用"，即引力作用不需要时间，也不管两者之间距离，能够超距离且瞬间完成。

1905 年，爱因斯坦提出狭义相对论，认为真空中的光速是一切物理作用传播速度的极限，任何速度不可能超越光速，这就排除了引力作用"瞬间"的可能。到了 1916 年，爱因斯坦根据他的广义相对论，提出了"引力波"的概念。他认为，引力是时空弯曲的一种效应，这种弯曲是物体质量导致的。任何有质量物体，都会造成周边时空的弯曲。这些物质运动的变化，就会对周围时空造成扰动，产生引力波，就像一块石头丢进水里产生的涟漪，引力波又叫时空涟漪。这种波不是瞬时传递的，而是以光速传播。假如太阳引力突然消失，地球也不会马上感觉到，要约 500 秒后才能感觉到。

爱因斯坦是超前的科学巨匠，他提出预言之后的几十年间里，各国科学家在实验室里，一直没有发现引力波的踪迹，因为其振幅实在是太小了。而宇宙中一些大质量天体，比如中子星、白矮星碰撞并合等过程引起的引力波振幅会大很多，所以科学家把搜索的目光投向了宇宙中，对引力波的研究是当今天文学和物理学中的一个重要前沿方向。

国际上著名的引力波探测装置有位于美国的激光干涉引力波观测台（LIGO）和位于意大利的室女座引力波探测器（Virgo）。2017 年 10 月 16 日，全球多国科学家同步举

行新闻发布会，宣布人类利用 LIGO 和 Virgo 第一次直接探测到了双中子星并合所产生的引力波事件 GW 170817。此次引力波事件的光学对应体也被中国位于南极的南极巡天望远镜探测到。

对引力波的探测，是利用波的干涉现象进行的。光也是一种波，它具有波粒二象性。

以 LIGO 为例，LIGO 利用激光的干涉现象进行测距，进而探测引力波引起的时空场变形效应。LIGO 由两个干涉仪组成，每一个都带有两个 4 千米长的臂并组成 L 型，它们分别位于相距 3000 多千米的美国南海岸利文斯顿镇和美国西北海岸的汉福德镇。

干涉仪的原理如下页图所示，一束激光从激光仪中发出，经过一面 45° 倾斜放置的分光镜，分成两束相位完全相同的激光，并向互相垂直的两个方向传播。这两束光线到达距离相等的两个反射镜后，沿原路反射回来并发生干涉。如果空间正常，则光束行进的距离完全相同，它们的光波将完美错开，此时探测器上是探测不到激光信号的。一旦发生引力波事件，引力波信号经过探测器时，会使探测器周围的空间发生扰动，导致空间本身在一个方向上拉伸，同时在另一个方向上压缩。这样两束激光走过的路程就会产生细微的差异，这时候探测器上就能接收到它们产生的干涉信号。

为了更好地探测引力波，我国在 2015 年提出计划，要发射三颗卫星 (SC1，SC2，SC3) 组成一个等边三角形阵列。通过惯性传感器、激光干涉测距等系列核心技术，来探知来自宇宙深处的引力波信号，揭开引力波之谜，这就是中国科学家提出的前瞻性的空

LIGO（图源：Caltech/MIT/LIGO Lab）

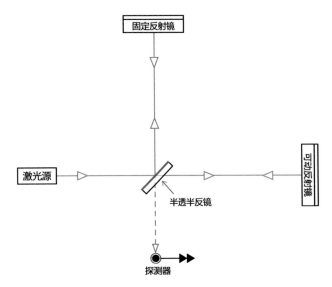

干涉仪示意图（绘图：郭珊）

间引力波探测"天琴计划"。该计划将成为中方牵头、多国参与的国际合作项目，预计在未来 15~20 年内完成。这幅绘画就展望并描绘了中国首创的这一重大科研项目，图中描绘了三颗卫星组成一个等边三角形围绕地球。右上方是遥远的两颗中子星碰撞并合的情景，这一过程发出引力波，其信号为三颗卫星所探测到。

干涉仪的灵敏度在于干涉仪的臂长，所以 LIGO 采用 4 千米长的 L 型臂，并在里面放置了反光镜，让激光在反光镜中来回反射 300 次，所以实际激光行进距离达到了 1200 千米。并且只有位于利文斯顿镇和汉福德镇的两台 LIGO 设备同时探测到引力波事件，才认为信号是真实有效的，而不是意外事件。在中国的天琴计划中，干涉仪的臂长相当于两颗卫星之间的距离，长达数万千米。所以天琴计划若是实施后，我们完全相信，它能够非常精确地对引力波信号进行测定。

波的干涉：波的干涉是一种物理现象。频率相同的两列波叠加，使某些区域的振动加强，某些区域的振动减弱，而且振动加强的区域和振动减弱的区域相互隔开，这种现象叫作波的干涉。波的干涉所形成的图样叫作干涉图样。

逐梦星空

# 中国·南极巡天望远镜

绘画尺寸：60厘米×80厘米

对地面大型光学望远镜来说，选址非常重要也不容易。首先要避开光污染，现在城市夜晚的灯光是如此明亮，晚上除了月亮和几颗亮星之外，其他什么都看不到。其次，要保证有良好的视宁度，即大气层要平稳且干燥。不能有太明显的高层和低层的湍流，否则会让成像质量大打折扣。最后，还要保证有相当的晴夜率，在"烟雨霏霏江草齐"的地区，显然也不合适。那么综合看起来，可选的地方着实不多。

例如著名的欧洲南方天文台甚大望远镜（VLT），由四个单独的望远镜组成，每个望远镜都有一个8.2米的主镜，它位于智利北部的阿塔卡玛沙漠。美国的凯克10米望远镜，坐落在夏威夷海拔4200多米人迹罕至的莫纳克亚山上。而国内目前最好的台址，是在青海冷湖镇。冷湖的晴夜率达到了70%，且大气稳定，降雨量少，是国际一流的光学望远镜选址地。

还有一个地方，尽管其自然环境极其恶劣，没有常住人口，却是地球上最好的观星地之一，那就是南极。尤其是南极内陆最高点，海拔约4100米的冰穹A。

冰穹A这个地方距中国南极中山站1250千米之遥，空气稀薄温度极低，还拥有长达3个月的极夜时间。低温带来的好处是气流稳定且大气干燥，使得冰穹A成为南极天文学发展的最佳之地。

我国于2009年在冰穹A建立了首个南极内陆考察站——昆仑站，在站内安放了多台天文观测仪器。其中包括南极巡天望远镜AST3-2，其主镜口径为680毫米，采用了我国

创新设计的大视场折反射光学系统，具备指向跟踪和自动调焦等功能。AST3-2 于 2015 年安装调试完毕，是南极目前最大的光学望远镜。其 CCD 相机像素达 1 亿，兼具大视场的优势，一次可对约 4.3 平方度的天区拍照，这样大小的天区能装下 18 个月亮。

2017 年 8 月 17 日至 28 日，AST3-2 和 LIGO、Virgo 同步探测到双中子星并合事件。此次并合引起的引力波事件编号为 GW170817，这是人类首次直接探测到引力波。

此油画表现了灿烂的极光以及流星雨下的望远镜。在南半球看到的北半球星座与它在北半球被看到的样子相反，所以大家在画中可见反过来的天蝎座。为了增加画面趣味感，作者还添加了两只企鹅，它们似乎对这个来自遥远中国的"奇怪物体"很好奇。（注：实际上该地点位于南极大陆深处，远处没有山脉，也没有企鹅。）

## 中国·近地小行星防御计划

绘画尺寸：60 厘米 × 80 厘米

　　地球日夜不停地在宇宙空间中穿梭，和其他天体发生碰撞并非不可能，概率最大的，是近地小行星（NEAs）。近地小行星指的是那些轨道与地球轨道相交的小行星。理论上说，这种类型的小行星可能会有撞击地球的危险。现在科学家们普遍认为，恐龙的灭绝就是大约 6500 万年前某颗小行星和地球相撞，造成地球生态环境的大灾难，从而导致的。

　　天体间的撞击本来并不稀奇。我们在晴朗的黑夜可以看到很多流星，这就是宇宙中一些直径几厘米乃至几米的小天体闯入地球大气层，与大气剧烈摩擦燃烧而形成的。它们中绝大部分都会在大气层里烧毁，没烧毁的残余物落在地面，就是陨星。

　　在地球 40 多亿年的漫长历史里，可没少受过陨星的撞击。但地球上有人类活动，还有河流冲刷、刮风下雨等自然现象，所以很多陨石坑都被消磨掉了。但在一些偏远的荒原上，仍能看到巨大的陨石坑。例如美国的巴林杰陨石坑，其形状和月亮上的环形山简直一模一样。甚至参与阿波罗计

划的航天员们都曾在登月前到巴林杰陨石坑进行过实地训练。

1994 年 7 月 17 日到 22 日，几乎全世界所有的天文学家都把他们的望远镜指向木星，在人类历史上首次目睹了太阳系内的天体撞击事件，那就是"苏梅克 - 列维 9 号"彗星和木星相撞。这颗彗星碎裂成 20 多块，每块都撞向了木星，爆炸总能量相当于数万亿吨 TNT 当量，给木星造成了 1 万千米长的巨大伤口。考虑到木星的体积是地球的 1300 多倍，比较"抗揍"。若是这种撞击发生在地球，后果将不堪设想。

这次撞击也给人类敲响了警钟，小行星、彗星等天体撞击地球的危险一直存在。2022 年 4 月 24 日，在中国航天日上，我国正式提出近地小行星防御计划，要争取在 2025 年、2026 年实施一次对某一颗有威胁的小行星的抵近观测，乃至实施就近撞击，并就改变它的轨道进行技术实验，以消除未来小行星等地外天体对地球造成的威胁。

这幅油画就表现了该前瞻性的设想：画面左侧是地面的天文台在观测近地小行星并确定其轨道，右侧是火箭在海上发射平台发射升空、远望号测量船在大海上监控观测，中部为拦截卫星飞近小行星后释放小型核弹，摧毁小行星的场景。背景是唯美的日照雪山，直达大海。绘画可以更充分地发挥作者的想象力和创造力，把各种跨越时空的场景组合在一起，创作出这种天文科学和油画文艺相结合的作品。

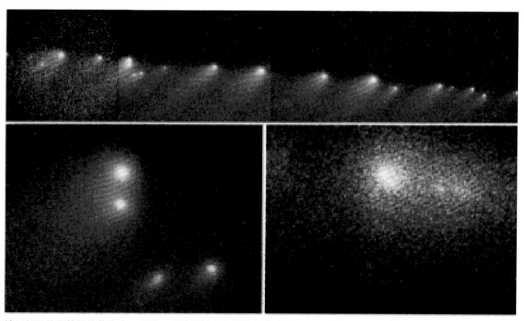

地面望远镜所拍摄的苏梅克 – 列维 9 号彗星撞向木星的照片（图源 NASA）

## ■ 中国航天·星辰大海

绘画尺寸：100 厘米 ×160 厘米

泰山巍峨、长城耸立，火箭从海上平台发射升空，天上是中国空间站和北斗导航卫星系统。在灿烂的旋涡星系背景下，航天员们出舱行走，挥舞国旗，张开双臂拥抱星辰大海。该画把多种天文、人文元素融为一体，以北斗和泰山寓意中国航天事业锐意进取、稳步前进，祝愿中国航天成为世界航天之泰山北斗。

中国的航天事业起始于 1956 年，自 1970 年 4 月 24 日发射第一颗人造地球卫星后，我国成了继苏联、美国、法国、日本之后世界上第 5 个能独立发射人造卫星的国家。中国发展航天事业的宗旨是：探索外太空，扩展对地球和宇宙的认识；和平利用外太空，促进人类文明和社会进步，造福全人类；满足经济建设、科技发展、国家安全和社会进步等方面的需求，提高全民科学素质，维护国家权益，增强综合国力。我国目前在进行的航天项目有月球探测、行星探测、空间站、导航系统、气象卫星、军事卫星等项目。在载人航天方面，我国实施发射了"神舟"系列飞船，从 1999 年的"神舟一号"开始，到 2022 年的"神舟十四号"，目前我国已有 14 名航天员，累计 23 人次上过太空。

在探月方面，我国实施"绕、落、回"三步走。从 2007 年发射嫦娥一号围绕月球探测开始，到 2020 年的嫦娥五号在月球表面着陆，并成功地取回月壤，我国探月工程已经取得了举世瞩目的成就。

在空间站建设方面，中国空间站预计在 2022 年底全面建成，预期使用寿命为 10 年。考虑到国际空间站的日趋老化，它或将在不久的将来坠毁。届时中国空间站可能就会成

为在轨的唯一空间站了。

强大的航天事业，必须有强大的国力来支撑。随着我国综合国力的不断攀升，积聚力量进行原创性引领性科技攻关取得的成果日渐丰硕，科研能力也在不断地加强。我国的长征系列运载火箭从 20 世纪 60 年代开始研制，经过四代发展拥有多种型号，具备发射低、中、高不同地球轨道和不同类型卫星及载人飞船的能力，并具备无人深空探测能力。目前我国推力最大的长征五号火箭的低地球轨道运载能力达到 25 吨，地球同步转移轨道运载能力达到 14 吨。此外，我国还在研发推力更大更先进的长征九号，其起飞推力将达到 6000 吨，可以运送更多更大的载荷进入太空。

目前全世界有超过 7900 颗卫星在轨，天上这么多卫星在飞，它们的轨道是什么样子的呢？根据飞行高度，我们一般可以把卫星轨道分为低、中、高三种（分类时使用的高度标准并不绝对）：

1. 低轨道：卫星飞行高度低于 1000 千米。

2. 中高轨道：卫星飞行高度在 1000 千米到 20000 千米之间。

3. 高轨道：卫星飞行高度高于 20000 千米。

例如中国空间站的飞行高度为 400~450 千米，算是低轨道飞行器。因为空间站里有航天员长期驻留，要考虑到宇宙射线对航天员身体的影响，在 400 千米这个高度，地球磁场可以保护航天员免受宇宙辐射危害。而且 400 千米高度也方便货运飞船进行物资补给，所以空间站通常采用低轨道。而中国第一颗卫星东方红位于中高轨道，其远拱点距地球 2384 千米。

根据卫星运行轨道的偏心率，卫星轨道可分为：

1. 圆轨道：偏心率等于 0；

2. 近圆轨道：偏心率小于 0.1；

3. 椭圆轨道：偏心率大于 0.1，而小于 1。

根据卫星运行轨道的倾角，卫星轨道可分为：

1. 赤道轨道：倾角等于 0 度或 180 度，卫星轨道平面与地球赤道平面重合，卫星始终在赤道上空飞行；

2. 极地轨道：卫星轨道与赤道面夹角为 90 度的轨道；

3. 倾斜轨道：倾角不等于 90 度、0 度或 180 度。

例如我国的第一代气象卫星风云一号，就是极地轨道卫星。由于和地球赤道面夹角为 90°，所以在这种轨道上运行的卫星，可观测到地球表面的任何一点，并且每天能在固定的地方时飞经地球任何一点的上空。

此外还有地球同步轨道。卫星在顺行轨道上绕地球运行时，其运行周期（绕地球一圈的时间）与地球的自转周期相同，这种卫星轨道叫地球同步轨道。

如果卫星正好在地球赤道上空离地面 35786 千米的轨道上绕地球运行，由于它绕地球运行的角速度与地球自转的角速度相同，从地面上看去它好像是静止的，这种卫星轨道叫地球静止卫星轨道。地球静止卫星轨道是地球同步轨道的特例，它只有一条。

通信卫星一般采用地球静止轨道，因为从地面上看，卫星固定在天上不动，这就方便地面接收站进行工作。接收站的天线可以固定在对准卫星的方向上，不必再进行实时跟踪。我国第一颗静止轨道通信卫星是"东方红二号"（DFH-2），它于 1984 年 4 月 8 日发射，固定位于东经 125° 的赤道上空 36000 千米高度上，主要进行广播、电视信号传输、远程通信等工作。

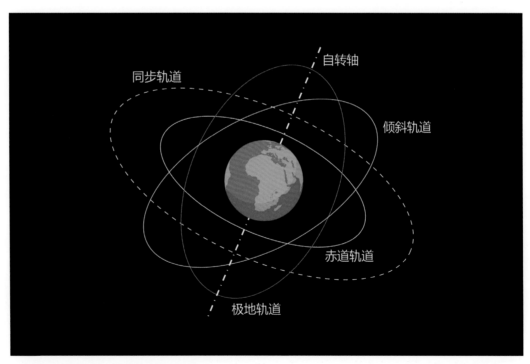

几种常见卫星轨道的示意图（绘图：郭珊）

## 人类命运共同体

绘画尺寸：60 厘米 ×120 厘米

我们这颗蓝色星球拥有八十多亿人口和两百多个国家和地区。尽管不同的国家和民族，有着不同的历史、文化、信仰、习俗和思维方式，但全世界人民都拥有同一片灿烂星空。而同一片灿烂星空照耀之下的，便是人类命运共同体。

2012 年 11 月，党的十八大报告中明确提出"要倡导人类命运共同体意识"。习近平总书记指出："宇宙只有一个地球，人类共有一个家园。让和平的薪火代代相传，让发展的动力源源不断，让文明的光芒熠熠生辉，是各国人民的期待，也是我们这一代政治家应有的担当。中国方案是：构建人类命运共同体，实现共赢共享。"

目前天文学家已经发现了很多类地系外行星，但都距离我们几百、几千光年之遥。虽然在科幻小说和电影里超光速和星际移民比比皆是，但从现实角度来说，星际移民在未来很长时间内还并不可行。地球在很长时间内，还是我们唯一的家园，而且我们也无法推动地球逃离太阳系。

此画把全世界最具代表性的几个建筑画在一起，从左到右是埃及金字塔、印度泰姬陵、中国天坛、法国埃菲尔铁塔、美国自由女神像。天上是日月五星和银河，象征着从宇宙观点出发的人类命运共同体。事实上地球就是一艘星际飞船，飞行在宇宙之中，而世界各国就是飞船上的乘客。只有相互尊重、同舟共济，我们这艘地球飞船才能平稳前进。由于地球绕太阳公转，而太阳带着整个太阳系绕银河系中心公转，且地球公转的黄道面和银道面存在夹角，所以在银河系中心看地球的话，地球是沿螺旋形轨道前进的。我们的地球每时每刻，都处于银河系内不同的位置。

作为地球的乘客，世界各国应该弘扬和平、发展、公平、正义、民主、自由的全人类共同价值，促进各国人民相知相亲，尊重世界文明多样性，以文明交流超越文明隔阂、文明互鉴超越文明冲突、文明共存超越文明优越，共同应对各种全球性挑战。

人类命运共同体，源自中华文明中的"天下"情怀。从"以和为贵"、"协和万邦"的和平思想，到"四海之内皆兄弟"的处世之道，再到"计利当计天下利"、"穷则独善其身，达则兼济天下"的思想体系，"天下"情怀可以说是中华文化的重要基因，薪火相传，绵延不绝。中国人民致力于实现中华民族伟大复兴的中国梦，追求的不仅是中国人民自己的福祉，也是各国人民共同的福祉。

因篇幅所限，这是本书第一部分最后一幅绘画。但人类追逐星辰大海的梦想还在延续，将来也会有更多的星际飞船要发射，有更多的宇宙奥秘等待人类去揭示。但这一切都建立在这样的基础上：人们要以文明的交流互鉴来避免隔阂冲突，守护共同的地球家园，让我们的子孙后代在这颗蓝色的星球上世代繁衍下去。

祝世界人民大团结！祝世界大同！

# 中国传统节日

我们的祖先通过观象授时，制定了传统历法。在历法中的某些日子里，能看到一些特殊的天象，这些日子和历代的民俗结合起来，就形成了传统节日。所以从本质上说，中国传统节日是天文星象、传统历法和民俗文化相结合的产物，也是中华优秀传统文化的重要组成部分之一。

例如"二月二龙抬头"，其星象含义就是指农历二月初傍晚时分，四象中"东方苍龙"之大角星升上天空，寓示着春天来临。再如端午节，也和东方苍龙有关。仲夏端午的夜晚，苍龙七宿位于正南中央，处在全年最"中正"之位，正如《易经·乾卦》第五爻："飞龙在天"。至于七夕节的星象含义则更好理解，若是离开夏夜的牛郎织女星和银河，我们还谈过什么七夕节呢？可见传统节日和天文星象、传统历法密不可分。

从天文星象的角度去理解传统节日、以油画的笔触去描绘传统节日、用绚丽的色彩去烘托传统节日，这是第二部分的出发点。在天文科普的基础上把中华优秀传统文化发扬光大，让全世界更多的人了解她、喜爱并接受她。坚守中华文化立场，讲好中国故事，推动中华文化更好地走向世界，是这本书的重要目标。现在我们就按时间顺序，从三星高照的春节开始讲起吧。

# 春节三星高照

绘画尺寸：60厘米×80厘米

　　瑞雪飘落，红梅盛开，儿童们燃放焰火辞旧迎新。空中可看到冬季星空的标志——冬季大三角，这是由猎户座参宿四、大犬座天狼星、小犬座南河三这三颗亮星组成的一个三角形。此外，还可看到猎户座腰带三星，也就是中国传统的"福、禄、寿"三星。民俗称"三星高照，新春来到"，而偶发的数颗流星也和儿童身边焰火交相辉映，给春节带来无限的喜庆。从这幅《春节三星高照》的画作开始，我们将一起走入中国传统节日系列。

　　由于历法设置和人为因素，中国汉代以前的新年，日期并不统一。一直到汉武帝太初元年（公元前104年），天文学家落下闳等人制订了《太初历》后，才将以前以冬季10月1日为岁首改为以春季1月1日为岁首。后世朝代虽也有变更，但基本一直沿用至今。现今春节的日期在狭义上是农历正月初一，广义上为农历正月初一至正月十五。"春节"这个词是辛亥革命后我国采用公历纪年法以后开始使用的，当时把夏历（农历）的岁首1月1日定为"春节"，把公历的1月1日定为"元旦"。

　　在早期观象授时的年代，人们是依据斗转星移定岁时的，北斗七星斗柄依次指向东、南、西、北循环一圈，谓之一岁（摄提）。西汉成书的《淮南子·天文训》收录："帝张四维，运之以斗；月徙一辰，复返其所。正月指寅，十二月指丑，一岁而匝，终而复始。"斗柄指到寅位（东北方向）时，春回大地，进入全新的循环，万象更新，新岁开启。

　　图中所绘的猎户座参宿四是一颗非常庞大的恒星，直径约为太阳的900倍（太阳直径约140万千米），距离地球大约600光年，参宿四目前是一颗红超巨星。

根据恒星演化理论，超巨星内部的氢已聚变为氦，正在发生氦聚变为碳和氧的核反应。这时候恒星内部温度可达十多亿开尔文，聚变会继续进行，一直到生成铁元素，此时恒星内部聚变停止。因为核心没有斥力能抵抗恒星外层自身的重力，所以此时恒星会发生迅速的坍缩，这个坍缩速度非常快，而恒星中心物质原子的外层电子会在巨大的压力下，与原子核中的质子简并形成中子。这时恒星外层物质会与这个致密的中子核心发生猛烈的撞击，这种撞击将释放出大量的能量，这就是超新星爆发。

超新星爆发可谓是宇宙中星体最猛烈的爆发现象，爆发后恒星的核心会形成黑洞或者中子星。这种猛烈的爆发也会对附近距离较近的天体产生很大的影响。有科学家认为参宿四目前已经爆发，但由于距离遥远，我们还要数百年后才能观测到。不管如何，600 光年之远的距离让我们的地球依然是安全的，若是春节的夜空中真的没有了参宿四和三星高照，那恐怕节日的气氛也会削弱很多吧。

# 元宵节

绘画尺寸：60厘米×80厘米

元宵节，又称灯节、元夕、上元节，为每年农历正月十五日，是中国的传统节日之一。古人称"夜"为"宵"，正月十五日是一年中第一个月圆之夜，所以称正月十五为"元宵节"。据考证，元宵节在汉代就已存在。到了唐朝时佛教兴盛，官员和百姓普遍在正月十五这一天"燃灯供佛"，于是佛家灯火遍布各地。从唐代起，元宵节张灯结彩才成为定例。元宵节主要的民俗有吃元宵、赏花灯、舞龙、舞狮子等。

元宵节虽属冬季，但南方水乡已不太寒冷。一轮圆月映照下，人们外出观灯游玩。不仅沿河街道挂满红灯，连天上也放飞了很多孔明灯。吃完一碗暖暖的元宵，在灯月交辉中，让我们来欣赏这美丽的月色并来认识猎户座、御夫座等星座吧。

## 二月二龙抬头
绘画尺寸：60厘米×80厘米

10万年前

现在

10万年后

北斗七星在先后20万年里的形状变化（绘图：郭珊）

龙抬头（农历二月二日），又称春耕节、农事节、青龙节、春龙节等。这里的"龙"是指四象中的东方苍龙。东方苍龙包括角、亢、氐、房、心、尾、箕七宿，对应牧夫、室女、天秤、天蝎、人马等星座的部分区域。龙角的一颗亮星，就是牧夫座大角星。"二月二龙抬头"，就是指农历二月的晚上，东方苍龙之大角星升上东方地平线，代表着春天已至。正如图中所绘，春日烂漫桃花中，星空中隐约可见一条蜿蜒的苍龙以及它头顶的大角星。

18世纪初，英国天文学家哈雷把他当时观测到的大角星和其他几颗亮星的位置和古希腊星图中这些星星的位置比较，发现这几颗亮星的位置都发生了微小的变化，这种现象叫作恒星的自行。

这是天文学上一个划时代的发现，即恒星的位置也不是亘古不变的。在哈雷之前，人们以为恒星的位置是不变的，也正是因此，才将它们叫作恒星。哈雷认为，因为恒星距离地球非常遥远，它们的位置变化在几年内，或者几十年内用肉眼都几乎看不出来，但经过几百年、几千年后，就能看出恒星确实是运动了。

当时的科学界并没有意识到哈雷这一重大发现的意义，普遍认为这是星图和观测上的误差。直到19世纪初，意大利天文学家皮亚齐用望远镜精密测定恒星的位置后，才证实了哈雷的观点。在《波兰·哥白尼日心说》一章中我们就介绍过，皮亚齐注意到了天鹅座61星的自行，这直接促成了贝塞尔日后的测量工作，由此，人们第一次知道了恒星的距离。

# 上巳三月三

绘画尺寸: 70 厘米 ×120 厘米

　　农历三月三是上巳节,是汉民族的传统节日。在春秋时期,上巳节已成为大规模的民俗节日,这点可以在《论语》中得到证明。在一个闲暇的春日,孔子询问各位弟子的志向。各弟子慷慨陈词了一番后,只有曾皙回答道:"暮春者,春服既成,冠者五六人,童子六七人,浴乎沂,风乎舞雩,咏而归。"或是由于周游列国厌倦,抑或是出于对曾皙描述的太平生活的向往,最后孔夫子喟然叹曰:"吾与点也!"(我赞同曾皙的观点)

　　上巳时值春和景明,人们走出家门,集于水边沐浴,举行清除不祥的仪式,这种仪式被称为"祓禊"。在王羲之的《兰亭集序》里就提到:"暮春之初,会于会稽山阴之兰亭,修禊事也。"除了沐浴祓禊外,人们还会进行祭祀宴饮、曲水流觞、郊外游春等活动。

　　这种风俗至少在唐代还有,杜甫的《丽人行》中有:"三月三日天气新,长安水边多丽人。"就是指上巳节丽人们结伴去河边游玩的情景。不过随着时代的变迁,宋朝之后一般就不过上巳节了。但是在一些现代的汉服活动、文人雅集中,我们还能看到曲水流觞等传统活动。

　　桃红柳绿的上巳,出游的人们在河边放起红灯,一派春和景明之象。空中可见农历初三的一弯新月,还有西沉的猎户座和金牛座。农历初三的月相是反 C 型的,从初一不见月,到十五月亮十六圆,再到廿九、三十,月相就是这样周而复始地变化着。

　　猎户座和金牛座其实是冬季的星座,冬季傍晚的时候它们位于东南方向。但在春天也能看到这两个星座,此刻它们位于西方,正和新月相伴呢!

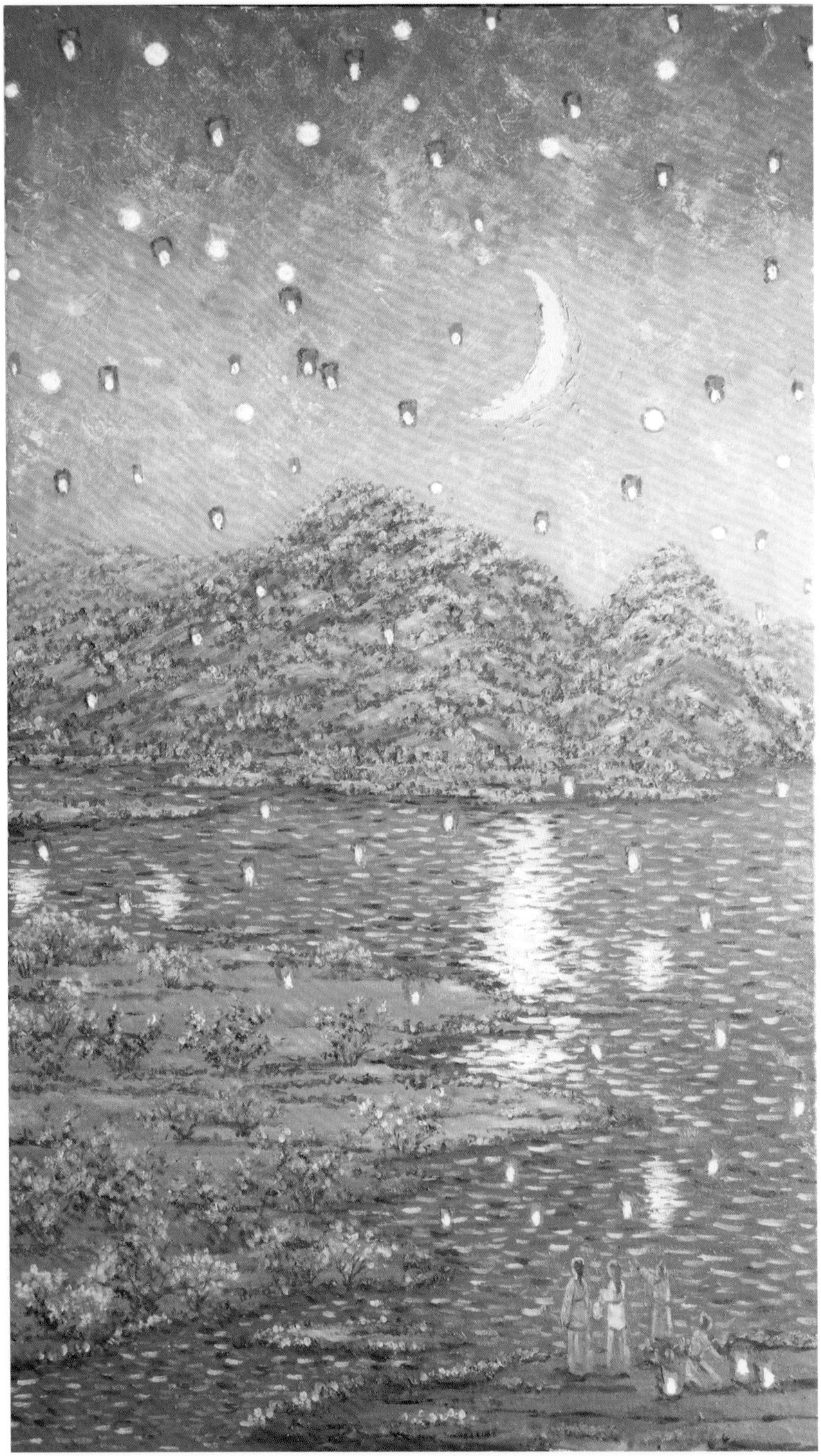

# ■ 上巳北斗东指

绘画尺寸：60 厘米 × 80 厘米

　　地球自西向东旋转，地球的自转轴指向北天极方向，所以从地面看上去，群星都绕着这个轴作圆周运动，这个圆圈称周日圈。完成一圈需要 23 小时 56 分 4 秒，即一个恒星日。事实上恒星日才是地球真正自转一圈的时间，而不是一般大家认为的 24 小时。而日月的东升西落也是周日运动的结果。若把照相机对准北天极长时间曝光拍摄，你会发现在北天极附近，各星的运动轨迹是以北天极为圆心的同心圆。

　　严格来讲北极星（小熊座 α 星）并不位于天北极，两者相差了约 45 角分。若是在精度要求不高的情况下，我们可以认为北极星所在位置就是天北极。若想拍出同心圆状的星轨照片，就可以对准北极星来拍。

　　由于地球真正自转一圈是 23 小时 56 分 4 秒，而在生活中我们定义一天为 24 小时，那么我们也就不难理解为什么同一颗恒星每天升上地平线的时间会比前一天提前 3 分 56 秒了。这种每天积累 3 分 56 秒的效应，在几个月后会非常明显。所以在不同的季节，我们在同一时间、同一天区会看到不同的星座。上一幅油画中的猎户座和金牛座，冬季傍晚时分它们在东南方向，春季傍晚时分它们就转到了西南方向，其背后的道理也是如此。

　　到了上巳节的傍晚，我们就可以看到北斗七星的斗柄指向右方（就是东方）。我国古人很早以前就发现了北斗指向和季节变化的关系。先秦典籍《鹖冠子·环流篇》就明确记载："斗柄东指，天下皆春；斗柄南指，天下皆夏；斗柄西指，天下皆秋；斗柄北指，天下皆冬。"也就是说若把观测的时间固定于傍晚，则二月春分时斗柄指东，五月夏至

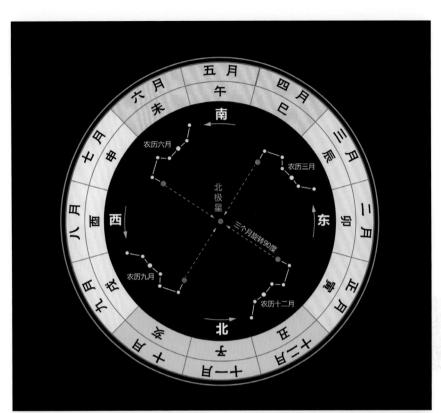

四季斗柄指向图
（绘图：郭珊）

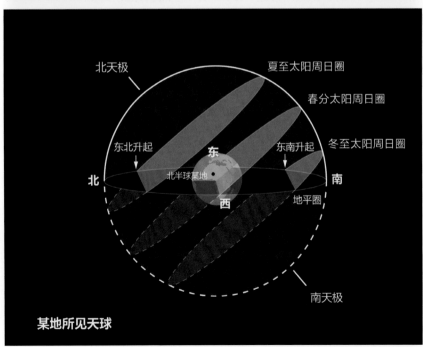

恒星周日运动示意
图（绘图：郭珊）

时斗柄指南，八月秋分时斗
柄指西，十一月冬至时斗柄
指北。

此刻正是"斗柄东指，
天下皆春"之时。正如此幅
油画所示，东指的北斗倒映
在潋滟的湖光中，桃花扑面，
归帆点点。亭前一人，似在
等待归帆渔夫的"桃花流水
鳜鱼肥"呢！

# 寒食诗酒年华

绘画尺寸：60厘米×80厘米

古人每年要取新火，新火与去年的旧火不能相见。要先熄灭旧火，再钻燧取得新火。人们在新火未到之时，只能吃冷食，是谓寒食节。

寒食是古代的一个节日，日期并不固定。有说法认为它在清明节前一天，也有说法认为它在清明前两天，现大多和清明节一起过。

唐人韩翃有寒食诗：

春城无处不飞花，寒食东风御柳斜。

日暮汉宫传蜡烛，轻烟散入五侯家。

若是不知道寒食的习俗，那"传蜡烛"就很难理解。什么是"传蜡烛"呢？就是指寒食这天皇宫里熄灭旧火，重新钻燧取得新火，再点燃蜡烛分送各皇亲国戚家的情景。

当然，就该诗本身来说，精华是第四句"轻烟散入五侯家"。东汉桓帝曾经一天内封五位宦官为侯，五侯深受皇帝宠幸、权势熏天，甚至连蜡烛烟也趋炎附势，争着往五侯家里跑。韩翃借此讽刺当时的宦官专权现象。唐人文字都是以汉代唐，白居易的《长恨歌》中"汉皇重色思倾国"也是这个道理。

苏东坡也有一首脍炙人口的有关寒食节的词。北宋熙宁七年（1074年）秋，苏东坡到密州（今山东诸城）做官。熙宁九年（1076年）的寒食节，苏东坡登上超然台，眺望春色烟雨，大概是触动了思古之情，于是就写下了这首《望江南·超然台作》：

春未老，风细柳斜斜。试上超然台上看，半壕春水一城花。烟雨暗千家。

寒食后，酒醒却咨嗟。休对故人思故国，且将新火试新茶。诗酒趁年华。

不管怎么说，故人故国都已远去，只存在于记忆里。密州太守的生活还是日常案牍劳

形，闲则新火新茶。此图就描绘了苏东坡在微风细雨中登上超然台眺望春色、神情飘逸的形象。全画使用灰绿色调，故意削弱色彩鲜艳度，在灰绿色调下再做微弱的冷暖对比，用以表现阴雨天气。大家可以看到该画和"上巳三月三"在色彩上有明显的不同。绘画中色彩的运用，可以是色彩鲜艳对比明显的"浓墨重彩"型，也可以是削弱色彩对比的"淡扫蛾眉"型。不同的色彩语言有着不同的艺术风格，给人不同的感受。对于这种微风细雨的描绘，还是"淡扫蛾眉"来得恰当些。

关于寒食节的来历还有一种说法，说它是为纪念介子推而立。春秋时晋国内乱，介子推跟随公子重耳出亡，路上割股肉给重耳充饥。重耳后来当上国王，就是晋文公。介子推隐居绵山不出，晋文公求贤心切，下令放火烧山想逼迫他出来辅佐自己，不料介子推不肯出仕，最后抱树而死。晋文公深为悔恨，下令此日全国不得动火，是为寒食节。

# ■ 清明时节

绘画尺寸：60厘米×80厘米

　　公历每年 4 月 4 日或 5 日是清明节。清明节既是"二十四节气"之一，也是传统的祭祖节日。它源自上古时代的祖先敬仰与春祭礼俗，兼具自然与人文两大内涵。既是自然节气点，也是传统节日。扫墓祭祖与踏青郊游是清明节的两大礼俗，这两大传统礼俗在中国自古传承，至今不衰。

　　"清明时节雨纷纷，路上行人欲断魂"，这是家喻户晓的唐诗，也是一个传统的绘画题材。图中也是采用灰绿色调，绿柳红桃下，行人向牧童问路，燕子在霏霏春雨中低飞。

　　从绘画角度说，善于使用互补色，能取得很好的色彩效果。红黄蓝是三原色，三原色其中一种和另外两种的混合色互为补色。例如黄和蓝相调和就是绿色，所以红色和绿色是互补色。在画面中采用面积大小形成对比的互补色，能起到很好看的效果。图中红色桃花所占面积小，而绿柳面积大，所以在绿柳的衬托下，桃花显得格外鲜艳。

# ■ 清明樱花灿

绘画尺寸：60 厘米 × 80 厘米

和上一幅春雨霏霏的清明不同，这幅展现了清明时节灿
烂的春光。此时是郊外踏青最好的季节，各地樱花盛开，游
人如织。这张图描绘的是无锡太湖鼋头渚的长春桥。每年清
明前后，桥两侧樱花似锦，正是"踏过樱花第几桥"的时节。

# ■ 端午节

绘画尺寸: 60 厘米 ×120 厘米

　　农历五月初五为端午节。关于端午节的起源,历史上说法甚多。诸如纪念屈原说、纪念伍子胥说、纪念曹娥说、纪念介子推说,还有其他一些说法等等。南北朝时期,南朝梁人吴均在《续齐谐记》中记载了端午节起源之纪念屈原说。但根据近现代的一些文人学者的详细考证,端午节的一些习俗在屈原之前就存在,所以端午起源于纪念屈原的说法,并不能完全成立。

　　"端午"的"端"字本义为"正","午"为"中","端午"意为"中正",这天

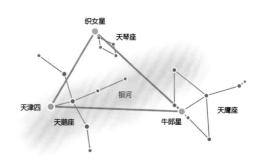

东方苍龙之象（绘图：郭珊）　　　　　　　　　夏季大三角（绘图：郭珊）

的午时则为正中之正。事实上，端午节很可能源自远古的星象崇拜，由上古时期祭祀"东方苍龙"演变而来。端午节涵盖了古老的星象文化、人文哲学等，节俗内容非常丰富。

　　我国古代根据日月星辰的运行轨迹和位置，将黄道和赤道附近的区域分作"二十八宿"。在东方的"角、亢、氐、房、心、尾、箕"七宿组成一个完整的龙形星象，即为"东方苍龙"。仲夏端午时候整个东方苍龙都会出现在天空中最显著的位置，最明显的标志是苍龙的主星——大火星（天蝎座心宿二），它位于南方正中天。人们在端午时节会举行一些庆贺活动，很多都以龙为主题，如祭龙祭祖、划龙舟，或借此吉日祈福辟邪等等。

　　现在我们知道大火星的直径约为太阳的 600 倍，距离地球约 550 光年。和猎户座的参宿四一样，也是一颗红超巨星。大火星属于心宿（也称为商宿），而参宿四属于参宿。这两颗红超巨星在夜空中相差约 180 度，此升彼落，并不能同时看见，这点中国人很早就发现了。唐肃宗乾元二年（公元 759 年）春季的一天，杜甫被贬华州司功参军时，偶遇其少年时的朋友卫八处士。时值安史之乱，杜甫固然是宦海沉浮，与故人偶遇亦如聚散浮萍。两人多年不见，在昏黄的烛光下长谈了一夜。卫八处士冒着春雨剪了韭菜、煮了黄米饭来招待老朋友。杜甫则写下了这首著名的《赠卫八处士》，开头就是："人生不相见，动如参与商。今夕复何夕，共此灯烛光。"天上的参商不能相见，犹如人生聚散离合变幻无常。

　　考虑到端午的起源，作者在构图的时候就想到应该画成初夏时节的夜景。图中星空下人们划着龙舟，银河横贯长空，可见完整的天蝎座以及大火星。此外还有天琴、天鹰、天鹅等星座闪耀在夜空中。由牛郎星、织女星、天津四这三颗亮星组成的夏季大三角璀璨夺目。

七夕节

绘画尺寸：60厘米×80厘米

"纤云弄巧，飞星传恨，银汉迢迢暗度。"农历七月初七的七夕节，交织了"牛郎织女"的美丽爱情传说，从而被认为是中国最具浪漫色彩的传统节日，成为中国的"情人节"。

事实上"牛郎织女"的传说来源于人们对天文星象的崇拜。古代人们将星区与地理区域相互对应。这个对应关系在天文方面被称为"分星"，在地理中便是"分野"。分野之说大约起源于春秋战国时期，在《汉书·地理志》里，记载了汉代划分的十二个分野，牛郎织女星对应的是粤地，"粤地，牵牛、婺女之分野也"。

到了东汉，牛郎织女已被描写成唯美的诗篇："迢迢牵牛星，皎皎河汉女。纤纤擢素手，札札弄机杼。终日不成章，泣涕零如雨。河汉清且浅，相去复几许？盈盈一水间，脉脉不得语。"

神仙的故事自然是虚无缥缈，牛郎织女作为中国四大民间爱情传说之一（其余三个分别是《白蛇传》《孟姜女》《梁山伯与祝英台》），其起源地也众说纷纭。我们还是更相信人间的爱情，图中所展示的就是人间的爱情：流星划过银河，牛郎织女星隔河相望，情侣在荷花池中指看星河。

在夏季观赏银河及牛郎织女星，微风扑面流萤点点，畅想两星乘着鹊桥跨过银河，自然富有诗意。事实上牛郎星距离地球约16光年，织女星距离地球约26.3光年，它们彼此之间的距离约16.4光年。乘上人类目前最快的飞船从一颗星出发，也要20多万年才能飞到另一颗星那里。这两颗星体积都比太阳大，牛郎星的直径为太阳的1.68倍、织女星的直径则是太阳的2.26倍，它们的结局和太阳一样，在数十亿年之后，都会变成白矮星。

# ■ 中元节

绘画尺寸：60厘米×80厘米

　　农历七月十五为中元节，这是它的道教名称，在民间这一节日的俗称为"七月半鬼节"，佛教称其为盂兰盆节。节日习俗主要有祭祖、放河灯、祭祀土地等。它的起源可追溯到上古时代的祖先崇拜以及相关时祭。该节是追怀先人的一种文化传统节日，其文化核心是敬祖尽孝。七月半的夜空中正挂着一轮明月，同时又有星河在天，可以很明显地看到银河在人马座方向的分叉。

# 中秋花好月圆

绘画尺寸：60 厘米 × 80 厘米

中元节之后，下一个满月到来之时——八月十五就是中秋节了。中秋节源自天象崇拜，由上古时代秋夕祭月演变而来。中秋节自古便有祭月、赏月、吃月饼、玩花灯、赏桂花、饮桂花酒等民俗，流传至今，经久不息。

中秋节起源于上古时代，定型于唐朝。相传唐玄宗于中秋时节望月，突然兴起游月宫之念，于是宣道士作法，步上青云，漫游月宫。在月宫忽闻仙声阵阵，唐玄宗素来精通音律，于是默记心中，回来后谱曲编舞，这就是《霓裳羽衣曲》。花好月圆历来是美好事物的象征，也是人们对美好生活的向往。所以此画采取传统的中国花鸟题材，画面中星月与花卉交映，丽人共孔雀凝睇。

宋朝之后，中秋已成为中国民间的重要节日之一，这点在苏东坡家喻户晓的《水调歌头》词作中可以得到证明：

丙辰中秋，欢饮达旦，大醉，作此篇，兼怀子由。

明月几时有？把酒问青天。不知天上宫阙，今夕是何年。我欲乘风归去，又恐琼楼玉宇，高处不胜寒。起舞弄清影，何似在人间。

转朱阁，低绮户，照无眠。不应有恨，何事长向别时圆？人有悲欢离合，月有阴晴圆缺，此事古难全。但愿人长久，千里共婵娟。

中秋的明月，历来承载着人们的寄托和思念。人们以中秋月之圆象征人之团圆，寄托思念故乡、思念亲人之情。这份寄托千百年来已融入中国人的血脉之中，成为生活的一部分。2006 年 5 月 20 日，国务院将中秋节列入首批国家级非物质文化遗产名录。自 2008年起中秋节被列为国家法定节假日。

## ■ 重阳节

绘画尺寸：60厘米×80厘米

中秋之后下一个传统节日，便是农历九月初九的重阳节。

重阳节的起源之一就是古代祭祀大火星（心宿二）的仪式。每年秋天庄稼丰收，苍龙七宿也开始在西方落退。冬天万物伏藏，苍龙七宿则隐藏于地平线以下，大火星也看不到了。因此，秋季大火星退隐的时节预示着漫漫长冬的到来，人们会举行相应的送行祭仪。

而"重阳"之名来自《易经》中的"阳爻为九"。在《易经》中，把"六"定为阴数，把"九"定为阳数，又为"极数"。"九"为老阳，是阳极数。两个阳极数重合在一起，九九归一，一元肇始，万象更新。

在现实生活中，登高赏秋与感恩敬老是重阳节活动的两大重要主题。古人认为重阳是清气上扬、浊气下沉的时节，地势越高清气越聚集，于是重阳登高便成了民俗习惯。至少在唐代人们就有在重阳节登高的习俗了，王维的"遥知兄弟登高处，遍插茱萸少一人"就可以说明这一点。在中国某些平原地区，例如作者所在的太仓市就无山可爬。民俗当然可以变通，于是太仓的民俗是在重阳节吃重阳糕。这是一种混合了桂花的糯米糕，非常香甜。"糕"音同"高"，吃了糕就等于爬高。

无论如何，金秋九月天高气爽，这个季节登高远望是一件非常心旷神怡的事。所以图中人们登山远眺秋色，极目处万山红遍，星月在天。可见傍晚时分九月初九的月亮和它左侧的宝瓶座。宝瓶座（拉丁语：Aquarius，天文符号♒），黄道十二星座之一，在天球上的面积达979.85平方度，占全天面积的2.375%，在全天88个星座中，面积排行第十位。宝瓶座中的最亮星为虚宿一（宝瓶座 β），视星等为 2.90 等。若按中国古代划分法，虚宿属于北方玄武七宿（分别为：斗、牛、女、虚、危、室、壁）。

# 重阳秋意

绘画尺寸：60 厘米 ×80 厘米

同样是秋色，这幅油画中的秋色显得更加变化多端，色彩丰富，在绘画表现上偏向于写实手法。由于本书都是采用油画来科普，这里我们来谈谈油画。

绘画是人类共同的爱好，我们的祖先不仅仰望星空，也用木炭、红土、白垩等作为画笔，在岩石上涂画，留下的壁画在世界各地都有考古发现。在中世纪的西方，最早流行的是蛋彩画，人们用鸡蛋清调和了颜色粉在木板上作画，画作往往是宗教题材。这种木板蛋彩画，我们能在欧洲很多国家的博物馆里看到。

15 世纪尼德兰画家扬·凡·艾克对绘画材料进行改良，人们开始尝试使用各类植物油代替鸡蛋清来调和颜色粉，木板也换成了亚麻布。到了 19 世纪后期化学工业兴起，人工合成色粉也在很大程度上代替了天然颜料，于是就逐步形成了现在的油画材料体系。事实上，很多古代颜料是有毒的，例如使用量很大的铅白，它的化学成分是碱式碳酸铅。古人不仅将铅白用作颜料，也用于化妆，很容易造成铅中毒。据考证，罗马帝国衰落的很大原因就是当时的贵族普遍使用含铅的青铜器喝酒吃饭，贵族女性也往往使用铅白粉化妆。涂在脸上胸口的铅白给本人和哺乳期的婴儿造成了很大危害，因此影响了后代乃至王朝的命运。相比之下，用普通瓦罐的平民反而没事。

油画风格多变，大体来说 19 世纪以前，油画还是很写实的。不管是画风景还是画人物，都力求反映所绘对象。19 世纪后期印象派开始兴起。一些法国的年轻画家认为古典主义写实千篇一律，缺乏个人风格。他们更崇尚现实主义，并提倡户外写生，在大自然

中国传统节日

里感受并描绘出微妙的色彩变化。这在绘画史上是很大的变革，也给后来的现代美术带来了极大的影响。因为他们聚集在巴黎郊外的巴比松村（巴黎枫丹白露镇），所以后世称他们为"巴比松派"，这就是印象派的前身。

印象派的代表人物有马奈、莫奈、德加、雷诺阿、毕沙罗等人。印象派画家使用的色彩极为丰富，画作中光感极强。面对画作，我们能感受到画中和煦的阳光。这就是画家注重画面表现和微妙的色彩关系，并注重互补色运用的结果。在《开普勒·天空立法者》里我们说到的高更，也是印象派后期的代表画家之一。自从搬到塔希提岛后，他就形成了自己的风格。作品无论是构图还是色彩，都具有很强的原始神秘感。线条粗犷、有力，色彩纯真艳丽。整体效果非常具有原始古朴的装饰性。他的这种风格也为后来的各种原始艺术和象征艺术开拓了道路，指引了方向。

油画发展到 20 世纪初，进入印象派后期，各种流派层出不穷，有抽象派、立体派、野兽派、达达主义等等，真可谓"乱花渐欲迷人眼"。对于这些，那就仁者见仁智者见智，不能一概而论了。不过总体来说每一种风格既然能创立，那就说明其自有一批欣赏者，正是有了百花齐放，才有灿烂的春天。

## ■ 下元霜叶红

绘画尺寸：60 厘米 ×80 厘米

农历十月十五，是中国古老的下元节。道教认为这天是三官（天官、地官、水官）的生日，所以教徒们家门口都要竖起天杆，在杆上挂起黄旗，到了晚上，再在杆顶挂三盏天灯，并做糯米团子祭祀三官。这个习俗在民国以后渐渐消失，现在人们一般已经不过下元节了。

此图和重阳一样，也表现了万山红遍、星月满天的美景，夜空中可以看到北半球秋季的代表星座之一双鱼座。

双鱼座（拉丁语：Pisces，天文符号：♓）是黄道十二星座之一，位于宝瓶座之东，白羊座之西。面积为 889 平方度，占全天面积的 2.156%。在全天的 88 个星座中，面积排行第十四。

天文学上重要的春分点就在双鱼座内，春分点是黄道和天赤道的两个交点之一。每年春分日（3 月 21 日前后），太阳从天赤道以南经过春分点到达天赤道以北。天赤道和黄道另一个交点就是秋分点，在室女座内。

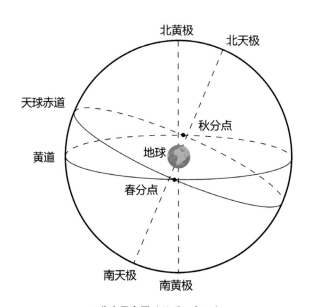

二分点示意图（绘图：郭珊）

## ■ 冬至

绘画尺寸：60 厘米 ×80 厘米

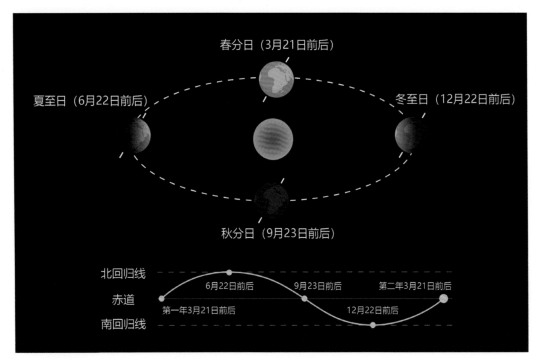

二分二至示意图（绘图：郭珊）

　　冬至具有自然与人文两大内涵，既是二十四节气，也是传统节日，时间在每年公历 12 月 21 日到 23 日之间。从天文学角度上说，冬至这天太阳光直射南回归线（南纬 23° 26′）。从北半球来看，太阳光最为倾斜，正午太阳高度角最小。冬至是北半球各地白昼最短、黑夜最长的一天。

　　冬至过后，人们就开始"数九"了。所谓"数九"，就是从冬至日算起，每九天算一"九"，一直数到"九九"八十一天"九尽桃花开"，此时寒气已尽，春天便到来了。

　　宋人阮阅的《减字木兰花·冬至》词写道："晓云舒瑞。寒影初回长日至。罗袜新成。更有何人继后尘。"寒影初回，就是指冬至后太阳直射点开始从南回归线向北移动，北半球白昼将会逐日增长。此刻罗袜新成，红衣水袖，趁着瑞雪飘零，图中红衣女郎也不禁在园林亭台楼阁间翩翩起舞。

## ■ 风雪腊八节

绘画尺寸：60厘米×120厘米

　　腊八节，又称为"法宝节""佛成道节""成道会"等，节期在每年农历十二月初八，主要流行于我国北方，习俗是"喝腊八粥"。腊八这天是佛祖释迦牟尼成道之日，是佛教盛大的节日之一。按佛教记载，释迦牟尼成道之前曾苦行多年，形销骨立。他觉得苦行不是解脱之道，于是决定放弃苦行。此时他偶遇一牧女呈献乳糜，饮食后体力恢复，后端坐菩提树下沉思，遂于十二月八日"成道"。

腊八这天，各寺院举行法会，效法牧女献乳糜的典故，用香谷和果实等煮粥供佛，名为腊八粥。广开法门、普度众生，中国各寺庙也有熬制粥糜，回赠给善男信女们的传统。传说喝了这种粥以后，就可以得到佛祖的保佑。

　　此图描绘了腊八节风雪弥漫的景象，整个画面处理成冷色调，唯有山村星火橘红一点。大面积的冷色调和小面积的暖色调产生了强烈的对比和光感，在漫天风雪中让人感到温暖。观赏画面之余，让人不禁想要立即走入屋中，拍去衣上的风雪，喝一口暖暖的腊八粥。

# 山居小年图

绘画尺寸：60厘米×120厘米

俗话说"过了腊八便是年"，但在大年三十之前，还有一个小年。小年的日期也不固定，由于各地风俗不同，小年的日子也不尽相同。

从清朝中后期开始，帝王家就于腊月二十三举行祭天大典，顺便把灶王爷也给拜了，因此北方地区民间百姓也竞相效仿，多在腊月二十三过小年。而在南方大部分地区，仍然保持着腊月二十四过小年的古老传统。

传统国画中的山水，一般分为"平远、高远、深远"三种章法。平远就是水平构图，就像广角相机一样，用于表现宽广的场景。高远就是竖直构图，多用来表现高耸的山峰。深远就是表现多个层次，有近、中、远景之分。该《山居小年图》采用平远的章法，运用水平构图，让人感受到山区的静谧。而大片盛开的红梅和几艘归帆，又让人在静谧中感到一丝热烈。天上群星璀璨，能看到大北斗和小北斗，此刻正是大北斗"斗柄北指，天下皆冬"的季节。

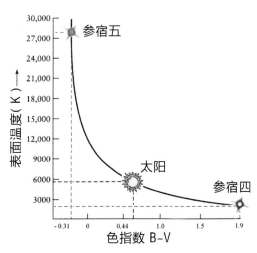

恒星温度与色指数的关系图，温度越高，颜色越偏蓝，温度越低，颜色越偏红（图源：Jasem Mutlaq）

大、小北斗分别是大熊座、小熊座的尾巴部分。图中可以通过大北斗很容易地找到北极星。另外，我们在画面上很容易注意到星星的颜色是不一样的。恒星的不同颜色，也代表了恒星表面不同的温度。蓝白色的恒星表面温度高，可达数万开尔文；而红色的恒星表面只有三千开尔文左右。为了描述恒星表面温度，天文学中定义了"色指数"的概念。色指数是指同一颗恒星任意两个波段的视星等之差，可以用短波段星等减去长波段星等来计算色指数。例如太阳 B-V 色指数（蓝光星等减去黄绿色光星等）为 0.656±0.005，表面温度约为 5000 多开尔文；而蓝色的猎户座参宿七 B-V 色指数为 -0.03，表面温度约 12000 开尔文。

## ■ 南园雪景

绘画尺寸：60 厘米 ×80 厘米

"江南园林甲天下，苏州园林甲江南。"自明清两代以来，苏州各私家园林的建设达到了一个高峰。从明中期至清乾隆年间，官商士绅争相造园，亭台楼阁，随处可见。苏州古典园林是具有深厚文化意蕴的文人园林，其建筑布局、结构、造型及风格等，都巧妙地运用了对比、对景、借景以及各种层次配合。建筑中突出小中见大、以少胜多等造园技巧和手法。将亭台楼阁、花木泉石有机且巧妙地组合在一起，在城市中创造出人与自然和谐的居住环境，这也是"天人合一"的一个缩影。

苏州太仓的南园为明代万历年间首辅王锡爵的私家园林，也是他致仕后赏梅种菊的地方，距今有四百多年历史。园中亭台楼阁，修篁遍地，有城市山林美誉。此图描绘了南园中冬雪飘落、红灯升起之景，表现了典型的江南古典园林之美。

# 水乡除夕夜

绘画尺寸：60 厘米 ×80 厘米

从春节、元宵一直到除夕，这些中国传统节日，当然是用传统中国农历来计算日期的。农历把每年的春节定为新的一年的开始，但春节对应的公历日期并不固定。而公历年始为元旦，固定为 1 月 1 日。总而言之，历法是为了配合人们实际生活的需要，根据天象而制订的计算时间的方法。可以说，历法的制定在很大程度上是个数学问题。

要准确地计算日月年是一件不容易的事，复杂的原因在于太阳、地球、月亮这三个天体运转周期的比例都不是整数，谁对谁都无法除尽。地球绕太阳一周的时间是地球自转一周用时的 365 倍多一点，这相当于月球绕地球一周时间的 12 倍多一点。而月球绕地球一周的时间是地球自转一周的 29 倍多一点。地月日三者自转、公转相互间的比例都有一个小数点后的尾数，这就需要进行很复杂的计算，使年、月、日的周期能够相互配合起来，并且都能用整数进位，便于人们使用。这就是制定历法时要面对的主要问题。

在《上巳北斗东指》里我们讲过，23 小时 56 分 4 秒的恒星日是地球自转一圈的时间，是真正的一天。但实际上我们却规定一天是 24 小时，就是考虑到用整数方便计时。相应地，恒星年才是地球真正绕日公转的周期，而不是回归年。

虽然全世界在过去数千年的历史中使用过很多种历法，但从本质上说历法只有三种：阴历（太阴历、纯阴历）、阳历（公历）和阴阳合历。

根据月球围绕地球公转周期所订的历法称为阴历；以地球围绕太阳公转周期为基础制定的历法称为阳历；我国传统的农历，兼具阴历和阳历的特点，实际上是阴阳合历。

阴历（太阴历、纯阴历），是按月亮围绕地球公转周期制定的。阴历的一个月叫作"朔望月"，每月初一为朔日，十五为望日。阴历只考虑月球运动，不考虑地球绕太阳的运动，所以阴历的月份和一年四季无关。目前阴历只在一些伊斯兰国家民间使用。阴历的一年包含 12 个月，大月 30 天、小月 29 天，尽可能交替安置，不设闰月。因此阴历每年长度为 354~355 天，这比回归年的 365 天要短 11~12 日。由于每年都相差十几天，若是今年阴历新年的第一天（岁首）在冬季，那么过了十几年后，岁首就会移动到夏季。

在《埃及·天狼偕日升》里我们说过，最早的阳历可能诞生于古埃及。早在 4000 多年前，古埃及人就关注天象并制定历法，随后古埃及的历法被罗马沿用。公元前 46 年，罗马执政官凯撒聘请埃及的天文学家重新修订历法。凯撒的历法，就是后世所说的"儒略历"（凯撒全名叫儒略·凯撒）。儒略历规定，从公元前 45 年开始，一年定为 365 天，以春分日为岁首。一年有 12 个月，大月 31 天，小月 30 天，其中 2 月为 29 天，这样总计一年 365 天。因为古罗马在 2 月行刑，2 月被视为不详之月，所以扣除一天为 29 天。此外儒略历还规定，四年设一闰，闰年有 366 天，闰年的 2 月就是 30 天。凯撒的生日在七月，他就用自己的名字命名七月 Julius，即英语 July。

儒略历于公元前 45 年 1 月 1 日开始颁布实行。但好景不长，一年后凯撒遇刺而亡。经过一番争斗，他侄子屋大维上台。公元前 28 年屋大维被元老院赐封为"奥古斯都"，并改组罗马政府。屋大维实际上是罗马的第一位皇帝，他结束了罗马长期的混战局面，此后 200 多年，罗马保持了长期的稳定繁荣。屋大维对儒略历有所修订，具体内容体现在这些方面：

1. 屋大维和凯撒一样，也塞了点自己的私货进历法。他的生日在 8 月，所以他用自己名字奥古斯都命名 8 月，即英文 August。同时为了显示自己的伟大，他规定 8 月有 31 天。那多出来一天，只能从 2 月里扣除。这样可怜的 2 月在平年只有 28 天，在闰年只有 29 天了。

2. 还是每 4 年设置一闰年，保证了历年的平均长度为 365.25 天，比回归年的长度 365.2422 天只长了 11 分钟 14 秒。此番修订后的历法较为精准，大概要 128 年才与实际回归年相差一天。

这一历法一直沿用到了 16 世纪，由于儒略历实行了一千多年，积累的时间误差已达 10 多天。人们注意到春分日已提前到了 3 月 11 日，而不是 3 月 21 日。这对宗教仪式来说是不能容忍的，所以修改历法又一次被提上了日程。这次是教皇亲自牵头，在 1580 年

前后，罗马教皇格里高利召集大批天文学家和博学教士商讨修订历法之事。几经研究，他们最后决定采用意大利人利里奥的历法，史称"格里高利历"，我们来看看其内容：

1. 1582年10月4日之后那天不再是10月5日，而是改为10月15日，直接跳过10天。这样就一下子消除了儒略历一千多年来积累的误差。1583年的春分日也再次回归到3月21日。这就是"历史上消失的10天"，因此1582年只有355天。

2. 为了防止将来的误差效应，在儒略历4年一闰的基础上，格里高利历进一步规定每400年设97个闰年：所有世纪年（1600，1700，1800，1900年），只有能被400整除的才设为闰年，否则仍为平年。比如1800年、1900年就是平年，因为它们不能被400整除。而1600年、2000年就是闰年，因为它们能被400整除。

历法制定后，教皇宣布，该历法自1582年起在所有天主教国家颁行，这就是我们现在全世界通行的公历。公历每年长度为365.2425天，和回归年相差26秒钟，是现在最精准的历法。它要每过3333年才产生一天误差。自辛亥革命后，我国官方统一使用公历纪年。

再谈谈"阴阳合历"，我国民间的农历还有以色列民间的"希伯来历"都是阴阳合历。农历的月是通过月亮的朔望周期而确定的，一个月就准确地对应一个朔望周期。因此，我们可以通过一个月中的某一日来确定月亮的圆缺。同时农历中的一年，又用设置闰月和二十四节气的办法，使历年的平均长度等于回归年。因此农历实质上是一种阴阳合历，兼具阴历和阳历的特性。

农历中的月份是以朔望月为依据的，经过推算，它有大月30天、小月29天之别。此外最重要的一点是，农历通过设置闰月的方法来协调朔望月和回归年之间的关系，具体为每十九年设置七个闰月。利用这种方法，使得农历和阳历相符。例如目前农历的春节就介于阳历的1月21日到2月20日之间，前后最多相差一个月，不会再多了。

地球一圈圈地绕太阳公转，我们的历法该从哪一圈开始算起呢？这就是如何纪元的问题。在我国古代，是从皇帝即位开始算年号的。皇帝即位第一年就是某某元年，若是不改元，那就一直算下去。例如康熙帝没换过年号，可以从康熙元年（公元1662年）一直数到61年（公元1722年）。若是遇到改元多的皇帝，那是相当麻烦。例如女皇武则天，从临朝称制到登基称帝，21年间就用过17个年号。

古罗马的纪元和中国的差不多，也是跟着皇帝换。显而易见，这种纪元方法，会让后人很是头疼。若某人生活在清朝康熙元年，问他唐朝贞观元年（公元627年）距今有多少年？

他可能要掰着指头想半天，因为这种纪元方法太麻烦了。

现行的公元纪年法，是 6 世纪一位基督徒狄安尼西提出的。狄安尼西认为应该用耶稣出生那年作为起始元年。经过一番考证后（很难辨别其考证的真伪），狄安尼西宣布耶稣是在他出生前 532 年诞生的，所以下一年应该为公元 533 年。这一"重大考证"结果得到了教会的大力支持，慢慢被大多数人和国家接受。由于这一纪元方法方便计算时间，渐渐成了全球通用的方法。我国是在辛亥革命后采用公历、1949 年新中国成立后采用公元纪年的。但要注意的是，公元纪年法规定是没有公元 0 年的，只有公元前某某年、公元后某某年。所以公元纪年直接从公元前 1 年过渡到公元 1 年，其间没有公元 0 年。若问公元 2022 年距秦始皇统一中国（公元前 221 年）有几年？答案应该是（2022+221）– 1=2242 年，而不是 2243 年。

江南水网密布，孕育着江浙各地水乡古镇。江南房屋大多也临河而建，屋前宅后总有一条河贯穿着整个古镇。船和桥深深融入了水乡人家的日常生活，也连接了人际感情。每日里上桥下桥，出门则船来船往。诗书耕读、婚丧嫁娶、晨起暮归，日子就这么朴实而平淡地悄然流逝。此刻画面中飞雪飘零，落在桥上、树上、房顶上、船篷上。临河的门前挂起串串灯笼，那橘红色的灯火跳跃在蓝绿色的夜空中，正在迎接农历春节的到来。按中国农历计算，此时地球已绕日一圈，马上要开始新的循环。天一擦黑，窗口的烛火摇曳下，家家户户都已备好了丰盛的年夜饭、温热了陈年佳酿。最后感谢本书的读者，现在我们效古人以汉书下酒之事，也以天文学为丰馔、以艺术绘画作美酒，一起庆祝农历新年的到来！

# 后记一 POSTSCRIPT

《逐梦星空——图说天文航天》（以下简称《逐梦星空》）是罗方扬先生的第二本绘画科普图书。2021年，他的第一本著作《诗意星空——画布上的天文学》（以下简称《诗意星空》）出版面世，书中收录了作者经年累月创作的 69 幅天文题材的油画。对科学和艺术有着独到而深刻理解的李政道先生，欣然为其题词。该书出版后，不仅深受广大读者的青睐， 短短两年里还获得了许多大奖，包括 2022 年全国优秀科普作品奖。

罗方扬先生身居太仓，出于兴趣和热爱，长期为青少年开展天文科普教育。他给中小学生做过很多讲座，带领学生进行过很多观测活动和研学活动，是一位经验十分丰富的天文教育家。他涉猎广泛、多才多艺，利用自己的绘画特长来普及天文知识，是他与众不同的一个做法。

在《诗意星空》一书中，我们看到天文与绘画、文学还有历史巧妙地融合在了一起。喜欢天文的读者，由此可以洞悉天文背后与人相关的历史故事；偏好文史的读者，由此可以打开一扇观赏星空的窗户。在书中，作者采用浪漫夸张的艺术手法，将星空的美丽、神秘，还有力量，加以渲染和放大，给读者带来难以抗拒的冲击力。

以诗画为语言，罗方扬完成了一次讲述星空的尝试。此后他显然一发而不可收，近年来勤耕不辍，很快又积累了大量新作，于是他再次选择部分作品，结集出版，便有了这本《逐梦星空》。

与《诗意星空》相比，《逐梦星空》的画作略少，有 56 幅油画，但更大的区别在于文字的数量大为增加。在《逐梦星空》一书中，有关天文学的故事、背景和知识等的描写十分详尽。对于大部分画作，读者都可以读到一个情节丰满、生动有趣的背景故事。尤其是涉及中国和西方天文学史的内容，更是言无不尽，引人入胜，显示出作者深厚的功底。实际上，这本书应该被称为插图本更加合适，而不是绘本。

《逐梦星空》全书包含两大主题："逐梦星空"和"中国传统节日"。

第一部分的主题是"逐梦星空"，实际上包括了两项内容：一是天文学内容，讲述人类对星空的认识与探索；二是航天内容，勾画中外航天探测的发展概貌。虽说在当代，航天与天文是两个不同的领域，但究其关系，航天的实现和发展是以天文学为基础的，同时航天也是天文学中空间观测的技术支撑。其实，人类在仰望星空的时候，自然会萌生飞天之梦，古今中外无不如此。本书将这两部分内容结合在一起，为畅想星空的人构筑了完整的星空图景。看到古代人类对星空的向往和探索，总让我们产生一种心灵相通的感受：是星空，让我们和千百年前的先祖建立起一种如梦似幻的联系，在同一个星空下进行对话和交流。

第二部分是中国传统节日。如果读者看过作者的姊妹篇《诗意星空》，一定会有种似曾相识的感觉。《诗意星空》里有关二十四节气的内容，跟这本书里的"中国传统节日"部分，确有不少共通之处。本书收录的中国传统节日，按照时间顺序从冬到春，由夏而秋，复而又冬，沿着中国传统农历的顺序，涵盖了一年中各个不同的时节，因而与二十四节气形成大致对应的关系。每一个时节都有自己的雨雾霜雪、桃李梅竹，有自己的耕耘和收获、畅想和怀念，更有头顶上不一样的星空。这些有关节日的画作基本以水乡为背景，这是作者自己最熟悉的生活场景，但丝毫不会妨碍读者产生共鸣，因为"星"有灵犀。

科学也可以是有情怀的、浪漫的，艺术也可以是思辨的、哲理的，我们总是用不同的方式来探索世界，感悟世界，以及欣赏这个世界。

紫金山天文台｜张旸

2023 年 3 月

# 后记二 POSTSCRIPT

　　看完书稿，我颇有感触，书的作者用科普文字和精美的油画描绘了天文学的发展和人类航天发展的历程。这种表现手法很是少见，可以算得上天文科普书籍的创新。以往众多科普书都是采用文字和照片，或者是各种手绘或电脑绘图来表达。而这本书采用的是作者的原创油画 56 幅，每幅绘画都非常精美。相比各种较为简单的手绘和电脑绘图，56 副原创油画所需要的创作时间更长，作者所付出的精力和时间更多，所以堪称不易。

　　我相信绘画和天文都是大家很喜欢的主题，所以这种用绘画来进行天文科普的方式，可以让两者紧密结合，让更多的读者了解天文学、喜爱天文学，确实算是一个创新。

　　我想从两个方面来谈谈我的感想：

　　首先是科学内容方面。本书展现了天文发展的历史，包括了从四大文明古国的天文发轫阶段到近现代天文学的发展乃至到航天事业的征途。正如崔向群院士在序言中所说，"从日心说到行星运动三大定律、从万有引力定律再到广义相对论，这些天文学上经典的篇章，在本书第一部分'逐梦星空'中都用油画进行了展现。"另外，当今天文方面最为前沿的一些话题，诸如引力波探测计划和黑洞、暗物质、近地小行星拦截计划等在本书中都有所涉及，涉及内容十分广泛。书中第二部分"传统节日"也富有新意，一般画家很少把传统节日和天文融合起来，而两者在本书中却巧妙地融会贯通。《七夕节》这张图画意境唯美且具有天文含义，图中盛开的荷花和天上的夏季大三角完全符合实际的情景。这一部分充分体现了传统文化和天文科学的结合，展现了科艺融合的妙趣。

　　作为一个外行，我再从文艺绘画方面谈谈我的一点粗浅认识。我们知道油画有着无与伦比的表现力，大家能在画面中感受到灿烂的光影效果和生动优美的韵律造型。比如《中国·1970东方红》这幅油画，用灿烂的朝霞映衬着长城作为背景，东方红卫星从上空飞过，整个画面唯美且写实，卫星的造型、长城的蜿蜒曲折、近景的刻画和远景的虚化都表现得非常好，该画充分体现出新中国如旭日朝阳般蓬勃向上的精神。而《水乡除夕夜》这幅，让身处北方的我也沉浸在了江南水乡的独特气韵之中，仿佛能感觉到那纷飞的雪花飘落在画面上，橘红色的灯光映衬在蓝紫色的背景中。令人想到到"寒来暑往，秋收冬藏"，旧的一年即将过去，新的一年随即到来。而该节的文字说明正好是谈历法和纪元，在编排上也很是得体。

　　我也知道该书是作者罗方扬先生的第二本书，第一本是《诗意星空——画布上的天文学》，也是用油画来表现的。这里我也热切期望他能出第三本书，以及更多的书，用中国画的形式来进行天文科普。相信在中国画彩墨、水墨的独特宣纸渗化的韵味下，天文和艺术能结合出更多的精品。

　　是为后记。

中国科学院国家天文台研究员

2023年4月于北京